COLECCIÓN FILOSOFÍA INTERCULTURAL DE LA LIBERACIÓN
Fernando Proto Gutierrez & Juan Martínez Andrade (Coords.)

Fernando Proto Gutierrez

LA COMPRENSIÓN FENOMENOLÓGICA

TOMO I – SECCIÓN I – PARTE III
INTRODUCCIÓN GENERAL Y ESTUDIOS DE CASOS

COAUTORES
Matías Ahumada; Miriam López; Marcelo Barrera;
Marta José; Marina Franco

COORDINACIÓN EDITORIAL
Agustina Issa

REVISIÓN DE ESTILO Y CORRECCIÓN
N. L. La Ferraro

COEDICIÓN INTERNACIONAL
Buenos Aires - México

Proto Gutierrez, F., Ahumada, M., López, M., Barrera, M., José, M., Franco, M.
La comprensión fenomenológica. Buenos Aires, México: Arkho Ediciones, Revista y Casa Editorial Analéctica, 2024. 137 pp.; 15.24 x 22.86 cm. – (Filosofía Intercultural de la Liberación, T1, S1, P3)

ISBN: 979-833-58-2686-0
CDD: 501

Primera edición: julio de 2024
Distribución mundial

Arkho Ediciones – www.arkhoediciones.com
Casa Editorial y Revista Analéctica – www.analectica.org

AUTORÍAS
    CAPÍTULO IV: Ahumada, M.
    CAPÍTULO V: López, M. Barrera, M., José, M.
    APÉNDICE: Barrera, M. Franco, M.

Se prohíbe la modificación, reproducción y fotocopiado total o parcial del contenido de la obra, incluyendo imágenes o gráficos, por cualquier medio, método o procedimiento, sin la autorización por escrito de los autores. Hecho el depósito legal que marca la Ley 11.723. Todos los derechos reservados.

®ARKHO EDICIONES 2024 - Todos los Derechos Reservados. Registro Editorial: RL-2017-23569986-APN-DNDA#MJ.

ÍNDICE

Capítulo I
La comprensión en las ciencias sociales 7
   1. En torno a la disputa metodológica.. 7
   1.1. *Verstehen* weberiana en la interpretación de Schutz (1952) y Winch (1958) 8
   1.2 *Verstehen* en la interpretación de Bernstein (1983, 2013) 13

Capítulo II
La comprensión fenomenológica 17
   2. La precomprensión familiar y la estructura de correlación 17
   2.1. Reducción fenomenológica husserliana.............................. 19
      2.1.1. Reducción galileana y crisis de las ciencias europeas ... 22
   2.2. Reducción ontológica heideggeriana 24
      2.2.1. Ontología existencial heideggeriana 24

Capítulo III
Relecturas críticas de la comprensión fenomenológica 33
   3. En torno a la deliberación comunitaria de Michel Henry (2011, 2006) y Agustín de la Riega (1979) 33
   3.1. La crítica de Michel Henry al saber objetivo y fenomenológico 33
   3.2. Diálogo entre Henry (2001, 2006) y De la Riega (1979) 38
      3.2.1. Prejuridicidad de la vida 38
      3.2.2. Correspondencia entre la vida pática y la experiencia ontológica 40
      3.2.3. Crítica a la conciencia fenomenológica 42
   3.3. Objeción a la *direccionalidad apriorística* de los fenómenos 43
      3.3.1. Significatividad del mundo y precomprensión 44
      3.3.2. Reducción, nihilización y deuda ontológica 47
      3.3.3. Violencia originaria 49
      3.3.4. El ser y el habla.. 51

3.3.5. λόγος y violencia.. 55
3.3.6. Heidegger y De la Riega, en torno a una conclusión..... 61

Capítulo IV
Alternativas a la preeminencia del pensar el ser como dador de realidad y sentido 65
4. La dinámica de la evasión en Lévinas, la *originariedad* de la impresión en Henry y el *estar* como fundamento en Kusch 65
    4.1. El escape del ser.. 65
    4.2. La impresión como manifestación de la *Vida* 68
    4.3. El fondo seminal del ser: el *mero estar* 70

Capítulo V
Caso de estudio: fenomenología existencial del embarazo y la fecundidad en la temprana edad 74
5. Introducción 74
5.1 El embarazo y la fecundidad adolescente en La Matanza 75
5.2. Estado de la cuestión.. 79
5.3. Fenomenología existencial de la fecundidad y el embarazo adolescente en La Matanza 88

Apéndice
Embarazo adolescente: características de las familias de padres/madres adolescentes y acciones de protección, rechazo o empoderamiento 107
6.1. Introducción 107
    6.1.1. El embarazo adolescente en cifras 108
    6.1.2. La estrategia teórico-metodológica 110
    6.1.3. Breve descripción sociodemográfica de los casos que conforman la muestra.. 112
    6.1.4. La recolección, procesamiento y análisis de los datos 114
    6.1.5. El embarazo adolescente... 115
6.2. Resultados 117
6.3. Conclusiones 124

Nota del autor

La comprensión fenomenológica se propone problematizar en torno al que fuera considerado uno de los puntos de partida sustantivos de la investigación cualitativa, en cuanto *praxis* que supone una modalidad de experiencia subjetiva no reductiva a la observación *sensasionalista*, propia de modelos más bien empiristas o positivistas.

La obra está conformada por cinco capítulos y un apéndice; los cuatro primeros capítulos fueron escritos por Fernando Proto Gutierrez, mientras que el resto obedece a distintas coautorías:

a) El Capítulo I, constituye una introducción a la controversia epistemológica entre *explicación* y *comprensión*, en la que se *yuxtaponen* las perspectivas teóricas de Schutz (1952), Winch (1958) y Bernstein (1983, 2013).

b) El Capítulo II, se propone caracterizar los aspectos más relevantes de la *comprensión fenomenológica*, en las versiones ya clásicas de Husserl y Heidegger.

c) Los Capítulos III y IV, abordan las lecturas críticas de Michel Henry y Agustín de la Riega a la fenomenología heideggeriana: en particular, a la *diferencia ontológica* y al *dar-se apriorístico* de la realidad fenoménica.

d) El Capítulo V, fue escrito por el filósofo argentino Matías Ahumada. En este caso, presenta el abordaje crítico de Lévinas, Henry y Kusch, en orden a señalar una realidad básica que no entra *a priori* en el juego del *conocer* en cuanto tal, e impone su verdad independientemente del poder de conformación que pueda llegar a tener la *intencionalidad* cognoscente y reflexiva propia de la fenomenología.

e) El Capítulo v y el Apéndice constituyen *casos de estudio* investigados por Fernando Proto Gutierrez, Miriam López, Marcelo Barrera, Marta José y Marina Franco. Estos casos incluyeron una lectura marco-conceptual estructurada a partir de categorías propias de la fenomenología.

La comprensión fenomenológica puede leerse como una propedéutica a la metodología de la investigación cualitativa, en los términos en que este tipo de comprensión se muestra, en la bibliografía académica, como sustantiva para definir las condiciones de posibilidad de objetivación científica llevada a cabo tanto por las ciencias sociales como por las naturales.

Capítulo I
La comprensión en las ciencias sociales

En este cap., se presenta una aproximación introductoria a la noción de *Verstehen*, problematizada a partir de la *yuxtaposición* de las perspectivas de Schutz (1952), Winch (1958) y Bernstein (1983, 2013). En este sentido, es leída como la *comprensión del significado de las acciones humanas* y por ella se deduce toda imposibilidad de instituir la causalidad como principio regulativo de la investigación social *cualitativa*.

1. En torno a la disputa metodológica

Bernstein (2018) llama "ansiedad cartesiana" a la cristalización de una actitud de duda metódica, por cuyo temor consecuente se erige la búsqueda filosófica de un fundamento a partir del cual edificar la estructura general del conocimiento. En el epílogo que Bernstein escribe para *Richard J. Bernstein and the Expansion of American Philosophy*, editada por Megan Craig & Marcia Morgan (2017), el filósofo indica que la "ansiedad cartesiana" sume al pensamiento en la dicotomía *o bien/o bien*. Así, es definida como un constructo formulado a partir de las lecturas de los ensayos de la llamada serie cognitiva de Peirce, compuesta por "Questions Concerning Certain Faculties Claimed for Man" (1868), y "Some Consequences of Four Incapacities" (1868), señalados como sustantivos en lo que respecta a las críticas allí vertidas contra el cartesianismo.

Según Pablo Lazo Briones & Gustavo Leyva Martínez (2013), Bernstein *yuxtapone* a la crítica de Peirce "Las posturas post-hegelianas y sociológicas de pensadores de la segunda Escuela de Frankfurt" (Bernstein 2013, p.xiv), para dar cuenta acerca del cambio de paradigma, en el siglo xx, desde la filosofía de la conciencia hacia el paradigma de la comunicación y la racionalidad intersubjetiva. Así es que, en *Beyond Objectivism and Relativism*, Bernstein (1983) recupera la dimensión hermenéutico-pragmatista de las ciencias y exhibe una *praxis* de deliberación fronética como crítica auto-correctiva y comunitaria de las normas que orientan las prácticas científicas, en un marco falibilista inscrito en las *tradiciones* de investigación mismas. Por ello, este cap., tiene como objetivo *yuxtaponer* la revisión de la *Verstehen* weberiana operada por Alfred Schutz (1952) y Peter Winch (1958), a la propia visión que Bernstein realiza de la *comprensión* de normas, como vía para superar la *ansiedad cartesiana* en los estudios de historia de la ciencia.

1.1. *Verstehen* weberiana en la interpretación de Schutz (1952) y Winch (1958)

En *Concept and Theory Formation in the Social Sciences*, Alfred Schutz (1952) se refiere al problema comentado por Ernest Nagel y Carl Hempel a propósito de la controversia entre las metodologías empleadas en las disciplinas naturales y sociales, la cual sostiene que "los métodos de las ciencias naturales que han dado tan magníficos resultados son los únicos científicos y que, por lo tanto, sólo ellos han de aplicarse en su totalidad al estudio de los asuntos humanos" (Schutz, 1952, p.257). Así, desde la perspectiva de las ciencias sociales, se responde a la polémica de acuerdo al hecho por el que existe una diferencia estructural entre el "mundo natural" y el "mundo social" y que, por lo tanto, son requeridas herramientas metodológicas diferentes: "Se ha sostenido que las ciencias sociales son idiográficas, caracterizadas por la conceptualización individualizadora y la búsqueda de proposiciones afirmativas singulares, mientras que las ciencias naturales son nomotéticas, caracterizadas por la conceptualización generalizadora y la búsqueda de proposiciones apodícticas generales" (Schutz, 1952, p.257).

No obstante, Schutz (1952) sostiene, por un lado, que esta dicotomía absoluta es insostenible, ya que hay una conceptualización errónea de la situación metodológica respectiva de las ciencias naturales y sociales. Por el otro, las reglas del procedimiento científico consistente en los principios de inferencia y de verificación, así como la postulación de "valores cognitivos" (Bernstein, 2013) como la *unidad, simplicidad, universalidad y precisión*, son igual de válidos para la valoración de la actividad científica en general, independientemente del objeto de estudio.

Schutz (1952) se propone, entonces, contraponer las tesis de Nagel y de Weber con el fin de revisar el concepto de *Verstehen*, en tanto *comprensión del significado de la intencionalidad de las acciones humanas y toda imposibilidad de instituir la causalidad como principio regulativo de la investigación social*. En este sentido, la crítica de Nagel a Weber es triple:

a) Niega que los resortes de la acción (las *intenciones* como experiencias psíquicas internas) sean accesibles a la *observación sensorial*.

b) La atribución de *emociones, actitudes y propósitos*, en cuanto *explicación* del comportamiento, supone que todos aquellos sujetos que participan de un fenómeno comparten idéntico estado psicológico, el cual es no obstante inaccesible y puede, en cambio, revelar el propio estado emocional del investigador.

c) No es posible *comprender* las motivaciones humanas implícitas en la conducta manifiesta de un modo más adecuado que a través de las relaciones causales externas.

De aquí es que Nagel sugiera que el rechazo hacia una ciencia social *objetiva y/o conductista* sea injustificado. Schutz (1952) concuerda con Nagel en que la investigación empírica realiza descubrimientos a partir de inferencias controladas y debe estar, a la vez, sujeta a revisión o verificación a través de la observación, aunque la misma no necesariamente deba ser *sensorial*. Por su parte, también acuerda con que en las ciencias empíricas hay relacionamiento entre variables, en los términos en que las mismas permiten explicar ciertas regularidades determinables, y que el hecho por el que dichas regularidades sean mínimas en las ciencias sociales, no constituye un punto de apoyo en favor de diferenciar las disciplinas metodológicamente. No menos relevante es el consenso que presenta Schutz (1952) en que el método que exige la identificación del investigador con el agente social observado pudiera llevar a la definición del sistema de valores privado e incontrolable del investigador mismo. Sin embargo, contra Nagel y Hempel, Schutz (1952) observa *que sus críticas se ven sesgadas por la reducción que operan al suponer el estricto carácter sensacionalista de la observación*, identificada como única experiencia empírica controlable posible, y diferenciándola de la *observación subjetiva* y a la vez, privada e incontrolable. Por esto, establece que:

    a) El objetivo de las ciencias sociales consiste en organizar el conocimiento sobre la suma total de objetos y sucesos del mundo cultural-social, tal como es experimentado y preinterpretado de manera cotidiana por los seres humanos que se hallan familiarizados con él, en interacción recíproca y co-implicados en intercomunicación y lenguaje

    b) Con Dewey, enfatiza que la investigación científica consiste en un proceso de autocorrección social (punto de contacto con Peirce/Bernstein). Pero, el *empirismo sensacionalista* de Nagel no permite dar cuenta acerca del modo en que el *control intersubjetivo* de la investigación es posible. Pues, en el momento en que el investigador A controla y verifica los hallazgos del científico B, y que, "Para ello, B tiene que saber qué ha observado A, cuál es el objetivo de su investigación, por qué ha considerado que el hecho observado es digno de ser observado, es decir, relevante para el problema científico en cuestión, etc." (Schutz, 1952, p.261). En efecto, esta empresa autocorrectiva es la que recibe el nombre de "comprensión".

La *Verstehen* no es, entonces, una metodología empleada en términos temáticos por un cientista social, pues se refiere a la *experiencia en la que el pensamiento del sentido común se familiariza con el mundo cultural social, despojado de toda forma de subjetivismo.*

Algunos de los críticos de la *Verstehen* la consideran subjetiva –en concordancia con las objeciones hechas al psicologismo–, en tanto que la *comprensión de las intenciones de las acciones humanas dependería de la intuición privada*, y por ello, sería inverificable o se referiría a un sistema de valores privado. Max Weber, desde la perspectiva de Schutz (1952), por su parte, entiende que la *comprensión es objetiva*, pues se refiere al *significado de la acción y ya no al que pueda ser atribuido por el observador*. Pero, "Toda la discusión adolece de no distinguir claramente entre *Verstehen* (1) como la forma experiencial del conocimiento del sentido común de los asuntos humanos, (2) como un problema epistemológico, y (3) como un método propio de las ciencias sociales" (Schutz, 1952, p.263).

En relación con (1), la *comprensión intersubjetiva es familiar a la experiencia del sentido común humano*, y como lo afirman James, Bergson, Dewey, Husserl y Whitehead, es el punto de partida para comprender el *Lebenswelt*, en y desde el cual se originan todos los conceptos científicos e incluso lógicos, las instituciones sociales y las situaciones problemáticas sujetas a un proceso de deliberación o autocorrección –tal como el explicitado por Peirce (1968) y Bernstein (1983)–. Se trata de una experiencia precientífica, *en, con y a través* de la que acontece la interacción sociocultural, en diversos grados de anonimato o intimidad.

Sobre (2), Schutz (1952) interpreta que la *Verstehen* se halla implícita en forma atemática en el "mundo de la vida", articulándose con (3), en tanto los "tipos ideales" weberianos proceden de una experiencia atemática y familiar, propia del conocimiento del sentido común, y en los que se sustentan las construcciones ideales como herramienta de las ciencias sociales. Los componentes de la realidad sociocultural poseen significados para quienes interactúan en ella, significados que ya han sido preinterpretados en el *Lebenswelt* y que constituyen los motivos que determinan el conjunto de las prácticas sociales. Por ello, los constructos formulados por los cientistas sociales son de "segundo orden", y están referidos al significado preinterpretado atribuido por los participantes de la realidad sociocultural misma.

Con Nagel, Schutz (1952) señala finalmente que la *objetividad* en las ciencias sociales es lograda, como en las ciencias empíricas en general, a partir de la *deliberación autocorrectiva en la que participan los miembros de la comunidad de ciencia*, y no depende ya de una experiencia privada incontrolable (conciencialismo o intuicionismo cartesiano): los problemas deben ser determinados por el estado actual de la respectiva ciencia y su solución debe ser ofrecida de acuerdo con las *normas* de procedimiento que rigen para la ciencia, las cuales garantizan el control y verificación.

Por su parte, en *The Idea of a Social Science and its Relation to Philosophy,* Winch (1958) se refiere a la "comprensión" en los términos utilizados por Weber, como *Verstehen* aplicada a la comprensión de *formas de vida*. Según Winch (1958), Weber no explicita el carácter lógico de la comprensión interpretativa, y la define en general como si se tratara de una técnica psicológica consistente en interpretar que *el Sinn es algo mentado subjetivamente*. De acuerdo con ello, *el sentido de una acción estaría dado por la intención de la misma*: "Winch señala, a este respecto, que la noción de 'conducta con sentido' abarca también acciones para las cuales el agente no tiene ninguna "razón" o "motivo", en la acepción aludida" (Millet, 1998, p.50). Por ello, el autor interpreta que Weber ofrece una explicación errónea acerca del proceso de comprobación de validez de las interpretaciones sociológicas, pues *subsume dicha validación a la posibilidad de establecer leyes socio-estadísticas referenciadas en la comprensión de intenciones humanas inteligibles* (cfr. Winch, 1958, p.113).

Por tanto, aquello que se muestra como necesario para Winch (1958) es una "mejor interpretación" y ya no un análisis estadístico que demuestre tal validez. En esta vía, entiende que la *Verstehen* de una cultura ajena es dificultada por estar frente a un fenómeno con el que el sociólogo no se encuentra *familiarizado*, dado que, aun cuando se hubieran realizado predicciones precisas, la comprensión real se encontraría incompleta. Según Winch "'Comprender', en situaciones como ésta, es captar el sentido o el significado de lo que se hace o se dice" (Winch, 1958, p.115). En este punto, advierte que la noción de "significado" debe distinguirse de la de "función" en su sentido causalístico; y, además, critica la distinción weberiana entre comportamiento meramente significativo y aquél que es significativo y social, ya que todo comportamiento significativo *es social* en la medida en que está reglado por normas. En síntesis: la *Verstehen* implica *Sinn*, y a la vez, *normatividad*. Según el autor, Weber adopta un punto de vista externo que puede ser útil a los fines de lograr tomar distancia en relación con el exceso de familiaridad en torno a determinadas descripciones. Pero, ésta *Verfremdungseffekt* (efecto de distanciamiento o de extrañamiento) no debe señalar la prescindencia de la familiaridad cotidiana en la *Verstehen*.

La tesis wincheana sugiere que la tarea de las ciencias sociales consiste en *comprender el sentido de las acciones humanas a partir de las normas como locus de referencia y rechazar, entonces, patrones causalísticos de explicación*:

> Según Winch, el uso de generalizaciones causales en la ciencia natural depende de criterios de identificación de un fenómeno como un caso de una ley, que vienen fijados por el marco conceptual del observador", y en cambio, el científico social "necesita comparar su propio utillaje conceptual con el de los sujetos que estudia —y, tal vez, reajustarlo como consecuencia de dicha comparación—, a fin de que sus hipótesis explicativas puedan ser reconocidas por él como apropiadas también a la luz de los conceptos y normas de éstos" (Millet, 1998, p.56).

1.2 *Verstehen* en la interpretación de Bernstein (1983, 2013)

Bernstein (1983) indica que la actividad llevada a cabo por las comunidades de investigadores y las formas en las cuales interviene la intersubjetividad dialógico-conversacional como *unidad epistemológica de indagación metacientífica*, co-implica distinguir en ellas la íntima relación dialéctica entre sus finalidades descriptivas y normativas. De la misma manera, en *The Pragmatic Turn* (2013) y en diálogo con Hilary Putnam, referencia el modo en que el entreveramiento de hechos y de valores hace posible pensar en la existencia de valores epistemológicamente cognitivos, inscritos normativamente en las prácticas científicas (cfr. Bernstein, 2013, p.171).

Bernstein (2018) realiza un examen extenso de la obra *Wahrheit und Methode* de Gadamer (1962), en la que entiende que se realiza una crítica radical y devastadora al fundacionalismo cartesiano: "Una de las críticas más notables de Gadamer a la hermenéutica alemana del siglo XIX es que, si bien su intención era demostrar la legitimidad de las ciencias sociales humanas como disciplinas autónomas, aceptaba de manera implícita la dicotomía misma de lo subjetivo y objetivo" (Bernstein, 2018[1983], p.202). De esta suerte, la hermenéutica construyó un nuevo concepto de experiencia interna vinculado con la posibilidad de comprender –en términos psicologistas–, la *intencionalidad subjetiva* de los agentes históricos, concebido esto por Gadamer como parte del *legado cartesiano*; el papel que juegan los prejuicios (o juicios anticipados) en la comprensión se traduce como significativo en orden a reflexionar en el hecho por el que toda comprensión y conocimiento involucra prejuicios y preconcepciones.

Bernstein (2018) recuerda que tanto en Kuhn, Feyerabend, Geertz y Winch hay una recurrente intención por redescubrir o recuperar la *dimensión hermenéutica de la experiencia*, a fin de interpretar la estructura de la historia de la ciencia. Es en este sentido que Gadamer sitúa a la *comprensión* como proceso de "llegar a ser del sentido" en el contexto del *círculo hermenéutico*; la *Verstehen* se trataría, por esto, de una forma de *frónesis* constitutiva de la *praxis*.

Bernstein yuxtapone el hecho por el que la *frónesis* "se encarga de lo variable y siempre involucra una mediación entre lo universal y lo particular que requiere deliberación y elección" (Bernstein, 2018[1983], p.228): "La *frónesis*, a diferencia de la *tecné*, requiere una comprensión de otros seres humanos" (Bernstein, 2018[1983], p.229). Esta mediación entre lo universal y lo particular supone de la *frónesis* un modo de *aplicación* de las normas, leyes, valores, etc., que requiere de interpretación; esto es, que la *comprensión, interpretación y aplicación* se verifican en la apropiación que se realiza del fenómeno estudiado, a fin de significarlo sin una desvinculación de la propia situación histórico-efectiva, pues, la "fusión de horizontes brinda una perspectiva crítica de nuestra propio situación" (Bernstein, 2018[1983], p.231). Tal aplicación es correlativa con la apropiación que significa la "máxima pragmática" y que da sentido a la identificación entre contenido intelectual de una proposición y los hábitos de acción.

La *frónesis* se circunscribe a una situación crítica en la que los *nomoi* compartidos por la comunidad se encuentran abiertos a interpretación, en la medida en que son susceptibles de una aplicación que requiere de mediación *fronética* entre su provisoria "universalidad" y un caso concreto particular. Con Peirce y Gadamer –y en coincidencia con Schutz (1952)– Bernstein (2018) elucida el carácter auto-correctivo que practica la comunidad científica en un proceso de deliberación o de comprensión hermenéutica, a partir de la cual incluso las normas que guían –como principios orientadores– las prácticas, están sujetas a revisión; la *comprensión, interpretación y aplicación*, como triple articulación de la *frónesis* co-implicada en la *praxis*, hacen ver el carácter plural en el que se desarrolla la actividad científica.

Bernstein (2018) propone, de este modo, "un modelo dialógico de la racionalidad que resalta el carácter práctico y *comunitario* de esa racionalidad donde hay elección, deliberación, interpretación, sopesar sensato y aplicación de 'criterios universales' e incluso desacuerdo racional sobre qué criterios son relevantes y más importantes" (Bernstein, 2018[1983], p.260). La investigación científica está anclada a una tradición expresada en prácticas sociales diferentes, y por ello, posee ella misma prejuicios, presentimientos, intuiciones y suposiciones que se entrelazan en las formas de argumentación: "Las decisiones y elecciones comunitarias no son arbitrarias o meramente subjetivas" (Bernstein, 2018[1983], p.260) y suponen la posibilidad de comparar y evaluar pertenecientes a paradigmas diferentes, diatópica-cronológicamente, exigiendo para ello de una comprensión hermenéutico-fronética aplicada a una *praxis* situada en un horizonte abierto y finito de conmensuración.

En síntesis, al *yuxtaponer* la revisión de la *Verstehen* weberiana realizada por Schutz (1952) y Winch (1958), a la propuesta de Bernstein (2018), se ha visto que:

a) El primero intenta recuperar el sentido weberiano de la *Verstehen* como "comprensión" que acontece en un marco de deliberación social auto-correctiva que interpreta el sentido preinterpretado de las prácticas acontecidas en el mundo social-cultural, la vez que sirve, con Nagel, a los efectos de controlar y revisar los descubrimientos empíricos según las *normas* asumidas por la comunidad.

b) Winch (1958), por su parte, desestima la causalidad estadística weberiana para dotar a la *Verstehen* de "normas" como objeto a partir del cual "comprender" el sentido de las acciones humanas, de un modo análogo a como:

c) Bernstein (2018) pretende superar la *ansiedad cartesiana* a partir de la *frónesis* (autocorrectiva) de las *normas* (abiertas a deliberación crítico-comunitaria), que se inscriben como sentido (tradicional) preinterpretado y que orientan las prácticas científicas

Con esto, el debate epistemológico establece que es tarea del científico social "comprender" las normas, sistemas de clasificación y prejuicios (cegadores o habilitadores) al tratar-con formas de vida diferentes. Pues, la *praxis* científica *acontece* en tradiciones de investigación diversas, que requieren de una comprensión que elucide los significados construidos *en situación*.

Capítulo II
La comprensión fenomenológica

Este cap., constituyó parte de un libro en homenaje al filósofo argentino Agustín de La Riega, publicado por la entonces Editorial Abierta FAIA, en 2013[1]. A su vez, fue corregido por el Dr. Juan Carlos Scannone, como parte de un seminario sobre Michel Henry y Maurice Blondel dictado en el Colegio Máximo San José de San Miguel. Su *incrustación* y revisión en esta obra tiene como objetivo *reconducir* la *comprensión* fenomenológica como *praxis* subyacente a los procesos a partir de los cuales el investigador social interacciona con el mundo pre-significativo/presignificado de la vida. En particular, al establecer la relación entre auto-afección inmanente y auto-transformación del ser, dicho esto en relación con la *vibración ontológica* subjetiva y el carácter ontológico del *haber*.

El cap., está conformado por dos partes, de cuya exposición resulta el diálogo entre Michel Henry y Agustín de La Riega, en el que se establece la relación entre los conceptos de vida-haber y *pathos*-experiencia/vibración ontológica.

2. La precomprensión familiar y la estructura de correlación

La fenomenología[2] puede interpretarse como un método de investigación filosófica desarrollado por Edmund Husserl y Martin Heidegger –con antecedentes teóricos en la obra de Kant, *Crítica de la razón pura*–, que se funda en la premisa por la cual *la realidad perceptible por las intuiciones se compone de fenómenos captados*

---

[1] Proto Gutierrez, F., (2013) *El pensamiento de Agustín de la Riega: refutación de la filosofía fenomenológica, en diálogo.* Editorial Abierta FAIA.

[2] El término "fenomenología" se deriva de la palabra griega *phainomenon*, es decir "aparición". Por lo tanto, estudia el modo en que se presenta o manifiesta una determinada realidad. El término primero fue introducido por Juan Heinrich Lambert (1728-1777), en el siglo XVIII y fue utilizado, posteriormente, por Immanuel Kant y Fichte, así como por G. W. F. Hegel, en su *Fenomenología del espíritu* de 1807.

por una consciencia intencional. Este método es crítico con respecto al supuesto paradigmático positivista y neopositivista que sólo comprende la posibilidad monista –en el orden epistemológico y metodológico– de leer a los *hechos* de acuerdo con su carácter "natural", sin concebir la manifestación de hechos temporales o históricos. En este sentido, la fenomenología describe fenómenos *sin prescripción*, es decir, que su finalidad no es ya normativa-legislativa, sólo en cuanto se entiende, de acuerdo con Husserl, que la *consciencia intencional* es la "fuente de derecho" respecto del sentido de los fenómenos vivenciados[3].

La fenomenología contemporánea –de tradición neokantiana– consiste esencialmente en una visión de la consciencia humana inmersa en un mundo histórico. Pues, fue Husserl, en sus *Investigaciones lógicas* de 1901, quien construyó el concepto de "estructura de correlación universal", a partir de los trabajos sobre *intencionalidad* de su maestro, el filósofo y psicólogo alemán Franz Brentano y su colega, Carl Stumpf. La psicología *descriptiva* o *realismo fenomenológico* de Husserl, que deviene más tarde en *fenomenología trascendental*, constituye la *ciencia eidética de la consciencia*. Es por esto por lo que, inicialmente, es posible distinguir entre las siguientes formas de *reducción fenomenológica*:

a) Una *fenomenología realista*: en la primera formulación de las *Investigaciones lógicas* de Husserl (1901), cuyo objetivo consistía en el análisis de las estructuras intencionales de los actos mentales y el modo de direccionamiento hacia objetos reales o ideales (*noémata*), versión fenomenológica acogida en la Universidad de Munich por Johanes Daubert y Adolf

---

[3] En otras palabras, la ciencia fenomenológica investiga la experiencia (o *vivencia*) subjetiva, en el modo de dirigirse la consciencia hacia un determinado objeto en el mundo, considerando condiciones que implican habilidades motoras y hábitos, prácticas sociales y formas de comunicación. La experiencia, en sentido fenomenológico, incluye no sólo la percepción sensorial del sujeto, sino también la imaginación, el pensamiento, la emoción, el deseo, la voluntad y la acción. En resumen, indaga la vivencia humana en cuanto tal, esto es, *a la existencia en su dimensión consciente y en su aspecto práxico*.

Reinach, así como por Alexander Pfänder, Max Scheler, Roman Ingarden, Nicolai Hartmann y Hans Köchler.

b) Asimismo, la obra de Husserl *Ideas: Introducción general a la fenomenología pura*, de 1913, propone una *fenomenología trascendental*, cuyo punto de partida es la *experiencia intuitiva de los fenómenos*[4] en orden a deducir de ella las características esenciales y el sentido de la vivencia, en detrimento de cuestiones vinculadas con el mundo natural; entre los exponentes más importantes pueden citarse a Oskar Becker, Aron Gurwitsch y Alfred Schutz[5] (véase Cap. I).

c) En la *fenomenología existencial* propuesta por Martin Heidegger en *Ser y tiempo* de 1927[6], es supuesto que el observador no puede escindirse del mundo, lo cual implica una determinada *comprensión* del ser humano no reductiva a una mirada antropológica o científica, sino más bien *ontológica* y *existencial*; entre quienes asumen dicho punto de partida para desarrollarlo son exponentes relevantes Jean-Paul Sartre, Hannah Arendt, Emmanuel Levinas, Gabriel Marcel, Paul Ricoeur y Maurice Merleau-Ponty.

2.1. Reducción fenomenológica husserliana

Franz Brentano abordó el concepto de *intencionalidad* en su obra

---

[4] En sus *Ideas* de 1913, el filósofo establece el distingo clave entre el *acto de conciencia* (*noesis*) y los fenómenos a los que ésta se dirige (el *noemata*). En su período transcendental, Husserl se concentró en las estructuras ideales y esenciales de la conciencia, desarrollando el método de *reducción fenomenológica* para eliminar cualquier hipótesis sobre la existencia de objetos externos.

[5] En particular, Schutz indagó sobre la *estructura de la experiencia social* y las modalidades intersubjetivas de significación de los fenómenos a partir de la interacción.

[6] Se designará, en lo que sigue, con la sigla STR la edición castellana de *Ser y Tiempo* traducida por Jorge Eduardo Rivera; en tanto emplearemos la sigla STG para la interpretación propia de José Gaos. Para cada caso, utilizamos las siguientes versiones; STR: "Heidegger, M. (1997), *Ser y Tiempo,* trad. Jorge Eduardo Rivera" y STG: "Heidegger, M. (1963), *El Ser y el Tiempo,* trad. José Gaos".

fundamental *Psicología desde el punto de vista empírico*, publicada en 1874. Brentano (1874) transpone al orden cognoscitivo la noción moral tomista-escolástica de *intentio* –determinación de la voluntad en orden a un fin– empleada de sobremanera por Abelardo[7]. La *intencionalidad* señala, entonces, el vínculo evidente y necesario entre el:

a) *Fenómeno psíquico* o acto consciente.

b) *Fenómeno físico* u objeto intencional (*immanent object*).

En este sentido, la *direccionalidad* de la conciencia hacia el objeto supondrá la correlación entre *lo dado* –desde sí y por sí mismo– y la posibilidad *comprensiva* propia del fenómeno psíquico en sí. Fuera de esta relación dinámica han de hallarse, finalmente, las *cosas de la física* (objetos-hechos de ciencia), las que, sin más, se enlazan al proceso gnoseológico en orden a su ligadura con los *fenómenos físicos* que ellas mismas suscitan. En síntesis, Brentano (1874) esquematiza una relación tripartita fundamentada por la *intencionalidad* dada entre:

a) *Fenómenos físico-psíquicos*.

b) La causalidad entre *objeto intencional*.

c) *Objeto científico* (*Referent*).

De este modo, la energía vibratoria (esto es, *objeto científico extramental*) estimula ciertos centros nerviosos (causalidad), constituyendo una imagen sonora, visual, olfativa[8] (*fenómeno físico*), captada luego por la conciencia intencional *objetivadora*[60]. No hay, en la concepción de Brentano, percepción externa de *objetos reales*-posible, pues ella sería en cada caso *Wahrnehmung* o *falsa percepción*; en definitiva, el *fenómeno físico* constituye la vía única de acceso, por parte de la *conciencia*, para el análisis de la realidad exterior-referencial[9].

---

[7] Para definir que aquello susceptible de ser juzgado no ha de ser el acto, sino la *intención* de la acción.

[8] La que, en la concepción de Brentano (1874) difiere respecto de la imagen real.

[9] Esta lectura difiere, en término radicales, respecto del carácter *sensorial* de la

Husserl recibe y amplía la teoría brentoniana. Por esto, afirma de la *consciencia intencional* su carácter activo e *interpretativo*, por estar *direccionada* a un objeto. De esta suerte, señala, en términos aristotélicos, que la conciencia activa se constituye como *forma* (acto) y materia –en Brentano, *fenómeno físico*–, siendo así *Sinngebund* o *donación de sentido*. Husserl considera la posibilidad que la consciencia tiene de conferir sentidos, más el saber que las cosas, a su vez, *significan*: la *conciencia intencional* husserliana (*noesis*), se supone, por esto, fuente *a priori* de derecho, consignándose así el *principio de los principios* de toda filosofía fenomenológica, a saber:

> Toda intuición en que se da algo originariamente es una fuente de derecho de conocimiento, todo lo que se nos brinda originariamente (por decirlo así, en su realidad corpórea) en la intuición, hay que tomarlo simplemente como se da, pero también sólo dentro de los límites en que se da (Husserl, 1962, p.58)

En Husserl (1962), la *estructura de correlación universal* supone la secuencia cartesiana *ego-cogito-cogitatum,* (conciencia = *fuente de derecho*) la cual se transformará, con Heidegger, en fundamento ulterior de toda ontología general. La reducción husserliana demuestra, en particular, la radicalidad del enfoque cartesiano, pues toda *reducción fenomenológica o eidética* precisa de un *giro subjetivo* consistente en restituir sobre sí mismo al sujeto reflexivo, como renovado punto de partida para la interpretación de *lo dado* (*Es gibt*): la *reducción* es, por lo tanto, *re-conducción de la mirada hacia el modo en que el mundo se muestra para el sujeto,*

---

observación propuesta por el positivismo lógico, a la vez que es coincidente con los criterios de "organización mental" que propondría Hanson (1958) para delimitar la noción de "carga teórica de la observación" supuesta la *epokhé*[10]. Pero, fundamentalmente, toda *reducción* es asistida por la *intencionalidad*, en tanto constatación de la experiencia *práxica* que la intuición tiene de *lo dado en-el*-mundo.

2.1.1. Reducción galileana y crisis de las ciencias europeas

La relevancia de Descartes no se extiende al estricto orden de la *subjetividad*, pues la consideración misma del sujeto –punto firme e inmóvil– como fundamento evidente del método científico, induce a la institución inmediata de dos realidades, a saber, *res cogitans* y *res extensa*, fundidas en el siglo XIX por el positivismo bajo la nomenclatura de los *hechos* (en beneficio ontológico de la segunda); a tal *reducción cientificista*, Husserl (2009) responde: "Meras ciencias de hechos hacen meros hombres de hechos" (p.6).

En *La crisis de las ciencias europeas y la fenomenología trascendental*, Husserl (2009) explicita que la geometría o "pura matemática de las formas espacio-temporales" (p.66), a través de un proceso de formalización-matematización, se torna para Galileo en *lo obvio*. Así, la intuición (o *praxis real-empírica*) de cuerpos concretos, en el *mundo de la vida* carece de lo que una *praxis ideal* "de un pensamiento puro que se mantiene exclusivamente en el ámbito de las puras formas-límite" (Husserl, 2009, p.68) tiene, a saber, *exactitud*. Por ello, el *mundo de la vida* (*Lebenswelt*) es ceñido por la esfera de la geometría pura, en rigor, por la posibilidad que esta última ofrece de pensar idealidades unívocas y exactas y reducirlas a la pura forma

---

[10] Es un concepto fundamental en la fenomenología de Husserl y se refiere a la *suspensión del juicio* o poner entre paréntesis nuestras creencias, prejuicios y suposiciones sobre el mundo para poder examinar las experiencias tal como se presentan en sí mismas; en este sentido, tal posición se diferencia con respecto a la perspectiva de Schutz (1952), Winch (1958) o Bernstein (2018) (véase Cap. I), quienes interpretan la *comprensión* en términos de deliberación crítico-comunitaria respecto de las normas regulativas de la acción. En definitiva, mientras en la fenomenología los juicios previos son suspendidos por la subjetividad, en el pragmatismo se comprenden las consecuencias que las creencias tienen en las prácticas *intersubjetivas*.

de la identidad (*mathesis universalis*).

Galileo funda, desde la perspectiva husserliana, el método científico como posibilidad de acceso a esta realidad unívoca, apriorística y no-relativa; claro es que el mundo es dado pre-científicamente y experienciado por el hombre cotidianamente de manera subjetiva: es allí donde se da un modo práctico de determinar y medir, anterior a la ciencia. Con la matematización de las plenitudes acontece, correlativamente, un proceso de formalización y funcionalización en el que todo contenido de la experiencia subjetiva queda relegado, constituyéndose en un sistema simbólico *a priori*.

La geometrización galilieana tiene como correlato el avance de la técnica, cuyo principio de acción es el arte de medir y, por consiguiente, de *cuantificar*. En este sentido, la constitución del *cogito* cartesiano como fundamento del método científico moderno acucia relevante el intento husserliano de *recuperar la vitalidad del sujeto en su mundo experienciado* (en efecto, *la tierra no se mueve*), o suelo nutricio pre-reflexivo, ante el vaciamiento de *sentido* provocado por el desarrollo tecnocientífico: "A éste, al mundo de la intuición que efectivamente experiencia, pertenece la forma espaciotemporal con todas estas formas corporales a ser ordenadas respecto a él; en él vivimos nosotros mismos, según nuestro modo de ser personal como corporal vivido" (Husserl, 2009, p.63)[65].

En síntesis, Husserl distingue claramente entre un *mundo vivido pre-reflexivamente*, en el marco de la estructura de correlación universal que, en Heidegger, es simbolizada por la expresión ser-en-el-mundo-, frente a las puras idealidades de una ciencia moderna objetivadora y reductiva.

2.2. Reducción ontológica heideggeriana

Martin Heidegger (1927) critica y amplía la investigación fenomenológica de Husserl[11], específicamente en *Ser y tiempo*, con el objeto de investigar el modo de manifestación del ser en la experiencia cotidiana del *Dasein* (el ser humano mismo, exento de la visión dicotómica propia de las ciencias empíricas). Heidegger estructura, entonces, una *ontología existenciaria* o *fenomenología existencial* en torno al *Dasein*, que influenciaría, más tarde, al movimiento existencialista francés, tanto como a la filosofía de la liberación latinoamericana.

2.2.1. Ontología existencial heideggeriana

En *Ser y Tiempo*, Heidegger (1927) lleva a cabo un proyecto consistente en develar *el sentido de la pregunta por el ser y las condiciones existenciales en que dicha pregunta es formulada*. Aunque el proyecto operístico heideggeriano no sería completado, desarrolla no obstante un enfoque fundamental a fin de pensar al *tiempo* como horizonte de toda comprensión del ser: "Este 'a priori' de la interpretación del *Dasein* no es una determinación reconstruida de fragmentos, sino una estructura originaria y siempre total" (Heidegger, 2003, p.41). De esta manera, en la filosofía heideggeriana es criticado el carácter excluyente de la pregunta por el ser, en el orden de una interpretación posible vinculada a las propiedades ónticas de los seres y a la indagación ontológica acerca de las formas o modos del estar-siendo.

Ser y tiempo se centra en tres modos ontológicos y dos clases (sin referirse por ello a una taxinomia natural) de seres, en rigor:

---

[11] Véase que, de igual modo a cómo sucedía con el Círculo de Viena, la *fenomenología* se constituía también a partir de una comunidad de deliberación científica que, en términos paradigmáticos, presentaba escenarios de consenso y disenso en torno a la posibilidad de dar respuesta a problemas vinculados a la epistemología, en sentido amplio, así como a la relación entre ciencia y existencia.

a) El *Dasein*.
b) El útil (o presente co-a-la-mano).

La pregunta *óntica* por un *útil*, por ejemplo, un martillo, se refiere a las relaciones físicas y estructuras propias de una entidad, mientras que la indagación *ontológica* se interroga por las estructuras en virtud de las cuales ese *útil* se encuentra presente co-a-la-mano: su pertenencia a un contexto de útiles (o entramado pragmático) y la referencia o señalización a otros útiles relacionados. Heidegger, con esto, critica la reducción óntico-fisiológica de las ciencias modernas por la exclusión de la pregunta *ontológica* referida a las *modalidades del ser*. Por tanto, un estudio ontológico sobre el ser humano no involucra indagar sólo por sus propiedades fisiológicas (*hechos naturales*), sino más bien por las propiedades estructurales, o, en la nomenclatura de Heidegger, del *Dasein* fáctico, *el ser al que le va el ser en su propio ser*.

El *Dasein fáctico* o *ser-ahí* se refiere a la existencia particular de lo humano: no es un sujeto –enfrentado cognoscitivamente a un objeto– (*ego cogito*), en cuanto éste ha sido pensado en la tradición filosófica como sustrato de estados mentales heterogéneos, independientemente de la situación del mundo circundante. De acuerdo con Heidegger, el modo de ser del *Dasein* no se encuentra fundado en la razón subjetiva, sino en el modo de ser-en-el mundo. Así es que tanto el sujeto como el mundo físico no pueden ser reducidos a meras entidades o hechos naturales intervinculados por efecto de determinadas propiedades causales. *Las cosas del mundo, en otras palabras, tienen un modo diferente de ser de las entidades causalmente delineadas que componen el universo y que constituyen la preocupación de las ciencias naturales*: para comprender las entidades mundanas –entidades, en otras palabras, que son inherentemente constituidas de manera *significativa*– es preciso un abordaje hermenéutico-interpretativo[12].

2.2.1.1. *Ser-en-el-mundo*: la dimensión de "ser-en" (estructura de correlación universal o *intencionalidad fenomenológica*, referida a la comprensión pre-ontológica o familiaridad –*habitus*– del *Dasein* con el mundo) del ser o *estar*-en-el-mundo, no puede ser pensada como una relación meramente espacial, dado que el *Dasein* no sólo está en el mundo, en el modo en que se hallan usualmente los entes que se comportan como un *útil a-la-mano*. Pues, el *ser-ahí* habita el mundo y *está* en el mundo. De aquí que se trata de una espacialidad existencial en la que el *Dasein* participa (*Bewandtnis*). No obstante, el término alemán *Bewandtnis* es extremadamente difícil de traducir de una manera que capture todos sus matices originarios. Pero, considerando la polisemia del término, puede *comprenderse* como el modo del estar co-implicado *el ser-ahí* en el mundo, en una red remisional-significativa de relaciones que constituyen los mundos circundantes, independientemente del *sentido óntico* de los entes en el conglomerado significativo-pragmático.

Heidegger señala que las implicaciones no son estructuras uniformes, por el hecho de que la ocupación o familiaridad pre-ontológica que tiene al *Dasein* absorbido en la trama es diferente en cada caso. Como ya se ha indicado, Heidegger utiliza el término "mundo" en un sentido diferente al de las ciencias físicas, para designar el concepto ontológico-existencial de *mundanidad*, identificada como una *red fáctica de configuración organizativa pragmática de útiles* que es compartida por la totalidad de los Dasein:

> "Mundaneidad" es un concepto ontológico que se refiere a la estructura de un momento constitutivo del estar-en-el-mundo. Ahora bien, el estar-en-el-mundo se nos ha manifestado como una determinación existencial del *Dasein*. Según esto, la mundaneidad misma es un existencial. Cuando preguntamos por el "mundo" desde un punto de vista

---

[12] La hermenéutica es una disciplina que reconoce la posibilidad de leer textos en el con-texto histórico-cultural en el que fueron comprendidos, así como desde el *horizonte de interpretación* que implica un diálogo circular y recursivo, por el que el significado se produce en la medida en que se despliega la interpretación misma.

> ontológico, no abandonamos de ningún modo el campo temático de la analítica del *Dasein*. Ontológicamente el "mundo" no es una determinación de aquel ente que por esencia no es el *Dasein*, sino un carácter del *Dasein* mismo. Lo cual no excluye que el camino de la investigación del fenómeno "mundo" deba pasar por el ente intramundano y por su ser. La tarea de una "descripción" fenomenológica del mundo es tan poco evidente, que ya la sola adecuada precisión de la misma demanda esenciales aclaraciones ontológicas (Heidegger, STR, §14)

El *Dasein* accede al mundo de acuerdo con la *usabilidad* de los *útiles* co-a-la-mano: un *útil* se encuentra disponible cuando puede ser definido sin necesidad de una reflexión tematizante. El caso del núcleo de usabilidad del útil es que hace-ver el hecho por el que el *Dasein* tiene una pre-comprensión a-temática del modo en que se usa el *útil*. Así es que éste darse "a-la-mano" es un modo de ser determinativo del *útil* comprendido a través de sus relaciones: la mayoría de los útiles disponibles se manifiestan al *Dasein* en los casos de avería (es decir, situaciones en las que nuestras relaciones a-temáticas hallan cierta dificultad –la rotura de una herramienta, o una situación imprevista–), revela la disponibilidad del *útil* en cuanto tal y abre al *Dasein* al fenómeno del mundo, ya no interpretado como la sumatoria coleccionable de un conjunto de entidades, sino como la trama de relaciones significativas que se da por la implicación uno con el otro de los útiles, y el hecho por el que el *Dasein* es familiar a ese mundo cotidiano circundante, dado que ya siempre el *ser-ahí* se halla envuelto por los útiles, absorbido por el mundo histórico: "El 'estar en medio' del mundo, en el sentido del absorberse en el mundo – sentido que tendremos que interpretar todavía más a fondo– es un existencial fundado en el estar-en" (Heidegger, STR, §12).

2.2.1.2. *Ser-con*: Heidegger indaga sobre *quién* es el que "está-con" el *Dasein* en su cotidianeidad y rechaza el término cartesiano de "cosa" (*das Ding*), concebida como una sustancia, ya que, una vez más, esto consistiría en pensar en el *Dasein* como un ser-presente-a-la-mano. Pues, el *Dasein* se encuentra en un mundo en el que son asignados y presentes en co-habitabilidad, *útiles* y, así también, otros *Dasein*:

> El "con" tiene el modo de ser del *Dasein*; él "también" se refiere a la igualdad del ser, como un estar-en-el-mundo ocupándose circunspectivamente de él. "Con" y "también" deben ser entendidos existencial y no categorialmente. En virtud de este estar-en-el-mundo determinado por el "con", el mundo es desde siempre el que yo comparto con los otros. El mundo del *Dasein* es un mundo en común [*Mitwelt*]. El estar-en es un coestar con los otros. El ser-en-sí intramundano de éstos es la coexistencia [Mitdasein]. (Heidegger, STR, §26)

El término "ser-con" (*Mitsein*) es, pues, la condición *a priori* trascendental que hace posible que el *Dasein* pueda descubrir los dispositivos de relacionamiento con la otredad y una de las formas en que el ser-ahí puede experimentarse también sólo. "Ser-con" es, por tanto, *a priori* o condición trascendental para la soledad. Por los "otros", Heidegger no se refiere a una negación del sí mismo, –como todo no-yo–, sino a aquellos que comparten el mundo o la trama pragmático-significativa en una relación de familiaridad, debido a que estar-en-el-mundo es siempre un estar-con los otros.

Por tanto, el *Dasein* se encuentra vinculado a una cultura, ya no como la sumatoria de sus miembros, sino como un fenómeno ontológico en su pleno derecho de mostración. El *Dasein* está familiarizado en una cultura o mundo circundante en el que se articula un marco de referencias y una red de compromisos, cultural e históricamente condicionados, como mundo compartido[13].

2.2.1.3 *Cuidado*: la introducción del "uno" o *Das Man*, al que en

---

[13] Para el caso, el *paradigma* kuhniano presupone la pre-comprensión heideggeriana de *mundo*: "Tanto Heidegger como Kuhn piensan en el paradigma-mundo como contexto significativo en el que los seres se muestran a los ojos, en un caso, de la existencia humana en general, en el otro, de los científicos. En este sentido, la ciencia es siempre derivada; siempre viene después del mundo abierto *a priori*, u originario. La ciencia es 'el cultivo', 'la expansión' de este horizonte de significación preabierto. Creo que Kuhn no estará en desacuerdo con Heidegger en esta cuestión" (Belgrano, 2021, p.9).

términos de interpretación puede concebirse como la "masa social", señala el momento en que el *Dasein* es arrojado o de-yecto en el modo de ser-en y estar-en el mundo con los otros de un *modo inauténtico*; así es que el ser-ahí deba ser interpretado conforme a la interconexión de estructuras unitarias tridimensionales: caída-deyección-proyección, por las cuales puede expresarse la totalidad formalmente existencial de la totalidad ontológico-estructural del *Dasein*: el estado de abierto como una disposición de cuidado es la configuración primaria por la cual debe entenderse la fenomenización de los tres estados del ser-ahí. *Sorge* puede traducirse como "cuidado" o "preocupación", mientras que algunos autores apuestan al término "cura": el *cuidado* es un existenciario del *Dasein*, debatido entonces como una dimensión ontológica que supone una comprensión pre-ontológica, producto del estado de *abierto* del ser-ahí, en su ser-con los otros:

> La totalidad existencial del todo estructural ontológico del *Dasein* debe concebirse, pues, formalmente, en la siguiente estructura: el ser del *Dasein* es un anticiparse-a-sí-estando-ya-en-(el-mundo-) en-medio-de (el ente que comparece dentro del mundo). Este ser da contenido a la significación del término cuidado [*Sorge*], que se emplea en un sentido puramente ontológico-existencial. Queda excluida de su significación toda tendencia de ser de carácter óntico, tal como la preocupación o, correlativamente, la despreocupación. Por ser el estar-en-el-mundo esencialmente cuidado, en los precedentes análisis ha sido posible concebir como ocupación [*Besorgen*] el estar en medio del ente a la mano, y como solicitud [*Fürsorge*] el estar con los otros, en cuanto coexistencia que comparece en el mundo. El estar-en-medio-de… es ocupación porque, como modo del estar-en queda determinado por la estructura fundamental de este último, es decir, por el cuidado. El cuidado no caracteriza, por ejemplo, tan sólo a la existencialidad, separada de la facticidad y de la caída, sino que abarca la unidad de todas estas determinaciones de ser. Por consiguiente, cuidado tampoco quiere decir primaria y exclusivamente el comportamiento del yo respecto de sí mismo, tomado en forma aislada. La expresión "cuidado de sí" ["*Selbstsorge*"], por analogía con *Besorgen* [ocupación, e.d. cuidado de las cosas] y *Fürsorge* [solicitud, de cuidado por los otros],

sería una tautología. Cuidado no puede referirse a un particular comportamiento respecto de sí mismo, puesto que este comportamiento ya está ontológicamente designado en el anticiparse-a-sí; ahora bien, en esta determinación quedan también incluidos los otros dos momentos estructurales del cuidado: el ya- estar-en y el estar-en-medio-de.

El cuidado no se reduce a un impulso –impulso de vivir, a un querer–, sino que las vivencias tienen su origen en el *cuidado*. De aquí que éste se encuentre vinculado a un pre-se-ser (*sich-vorweg-sein*) de la existencia, cuyo ser siempre está en juego e implica un anticiparse sobre sí mismo, vinculado ello con el proyectarse (*Entwurf*) o el poder-ser (Sein-können) constitutivo del *Dasein*.

2.2.1.4. *Plexo anímico*: una vez que ha indagado y revelado la estructura de relaciones constitutiva de la trama pragmático-significativa de útiles y el modo de ser del *Dasein* familiarizado con el mundo co-a-la-mano, Heidegger investiga los estados afectivos, en cuanto *plexos anímicos* que describen la estructura fundamental del modo de estar del *Dasein* en-el-mundo. Con el fin de evitar una comprensión temática objetivante de los estados de ánimo –en orden a des-vincularlos de una descripción psico-patológico–, interpreta que el *Dasein* es un ser de posibilidades, en cuanto comprensión existencial de un pro-yecto que hace al ser-ahí estar-en-el mundo co-implicado en el tiempo.

Estar-en-el mundo consiste, entonces –y más allá de la tematización lógica del sujeto moderno– en familiarizarse con la pre-comprensión relacional del mundo, en la medida en que el *Dasein* está de-yectado y pro-yectado en él. Heidegger utiliza el término "posibilidad" en un sentido específico: no se trata de la posibilidad lógica vacía, es decir, de ninguna contradicción discursiva o de la contingencia propia de algo ocurrente. Pues, el *Dasein* se encuentra pro-yectado en un mundo de posibilidades como un poder-ser que determina la condición existencial del ser-ahí por las decisiones realizadas. Por lo tanto, uno de los rasgos distintivos del análisis del *Dasein* es la prioridad ontológica concedida a los modos no cognitivos de estar-en-el-mundo. Los estados intencionales de proposiciones que la tradición filosófica ha visto como constitutiva del ser-ahí son, en el análisis de Heidegger, fenómenos derivados:

> El conocimiento mismo se funda de antemano en un ya-estar-en-medio-del-mundo, que constituye esencialmente el ser del *Dasein*. Este ya-estar-en-medio-de no es un mero quedarse boquiabierto mirando un ente que no hiciera más que estar presente. El estar-en-el-mundo como ocupación está absorto en el mundo del que se ocupa" (Heidegger, STR, §13)

De este modo, el *Dasein* es atravesado por la posibilidad de vivenciar diferentes estados afectivos o plexos anímicos, entre los que la *angustia* se muestra como uno de los constitutivos de la existencia, en cuanto el *Dasein* se encuentra pro-yectado en sus posibilidades hacia la muerte como imposibilidad de persistir en el modo familiar de estar-en-el-mundo, esto es, como un no-estar-más-en-el-mundo:

> La muerte es una posibilidad de ser de la que el *Dasein* mismo tiene que hacerse cargo cada vez. En la muerte, el *Dasein* mismo, en su poder-ser más propio, es inminente para sí. En esta posibilidad al *Dasein* le va radicalmente su estar-en-el- mundo. Su muerte es la posibilidad del no-poder-existir-más. Cuando el *Dasein* es inminente para sí como esta posibilidad de sí mismo, queda enteramente remitido a su poder-ser más propio. Siendo de esta manera inminente para sí, quedan desatados en él todos los respectos a otro *Dasein*. Esta posibilidad más propia e irrespectiva es, al mismo tiempo, la posibilidad extrema. En cuanto poder-ser, el *Dasein* es incapaz de superar la posibilidad de la muerte. La muerte es la posibilidad de la radical imposibilidad de existir [*Daseinsunmöglichkeit*]. La muerte se revela así como la posibilidad más propia, irrespectiva e insuperable. Como tal, ella es una inminencia sobresaliente (Heidegger, STR, §50)

La inminencia de la muerte como revelación insuperable no se manifiesta en el orden óntico-empírico, sino en el campo interrogativo del *Dasein*, que se experimenta como finito y temporal. El ser-ahí puede disponerse de distintos modos a fin de hacer frente la muerte, a saber, huyendo de ella mediante la absorción del sí mismo en el mundo de la preocupación, sometiéndose al orden de lo público y urgente o no pensando en ello. Así es que:

> La condición de arrojado en la muerte se le hace patente en la forma más originaria y penetrante en la disposición afectiva de la angustia. La angustia ante la muerte es angustia "ante" el más propio, irrespectivo e insuperable poder-ser. El "ante qué" de esta angustia es el estar-en-el-mundo mismo. El "por qué" de esta angustia es el poder-ser radical del *Dasein* (Heidegger, STR, §50).

La reducción fenomenológica y trascendental de Husserl y la analítica existenciaria heideggeriana contribuyeron a practicar un proceso de deliberación crítica centrado en interpretar el papel de la *comprensión* en los modos de ser del *Dasein*.

Capítulo III
Relecturas críticas de la *comprensión* fenomenológica

3. En torno a la deliberación comunitaria de Michel Henry (2011, 2006) y Agustín de la Riega (1979)

3.1. La crítica de Michel Henry al saber objetivo y fenomenológico

Brentano (1874) había recuperado para la filosofía el concepto escolástico de *intentio,* que en el abordaje husserliano adquiere, para sí, la impronta fundamental de posibilitar, en cada caso, la "conciencia-de". Henry (2006) rechaza tal posición y propone una distinción entre *el saber objetivo de las ciencias y el saber propio de la conciencia fenomenológica*: "El problema de la cultura (…) sólo llega a hacerse filosóficamente inteligible si lo referimos deliberadamente a una *dimensión de ser donde ya no intervienen ni el saber de la conciencia ni el de la ciencia* (…); es decir, si se le pone en relación con la vida y sólo con la vida" (Henry, 2006, p.25). De este modo, legitima la concepción *unívoca-objetiva* de las ciencias modernas, en general, encumbradas en su intento de formular un mundo en sí mismo racional y universalmente válido, es decir, supra-subjetivo y supra-individual. Hace lo suyo también con el orden *subjetivo* del saber, fundamentado en una conciencia trascendental cuya función primera es constituirse en *condición de posibilidad* de la mostración de los objetos:

> Si se pide ahora que digamos en qué consiste esta conciencia cuyas operaciones trascendentales constituyen los objetos del mundo de la percepción antes de crear las idealidades del mundo científico, conviene primero observar que el poder del que se trata es el mismo en los dos casos: en la percepción más simple y más inmediata y en la construcción científica más elaborada. Es, justamente, el poder de hacer ver, de hacer visible, de instalar en la condición de la presencia.

> Este hacer visible, es él mismo un hacer-venir-delante en la condición de ob-jeto, de tal manera que la visibilidad en la que toda cosa aparece visible no es más que la objetividad como tal, es decir, el primer plano de luz donde se muestra todo lo que se nos muestra –realidad sensible o idealidad científica–. La conciencia es comprendida tradicionalmente como el "sujeto", pero el sujeto es la condición del objeto, lo que hace que las cosas lleguen a ser objetos para nosotros y, así, se nos muestren, de modo que podamos conocerlos (Henry, 2006, p.24).

Copati (2007) indica que la *verdad del mundo* supone real el desdoblamiento entre el hecho mismo de mostrarse (la mostración en cuanto acto) y lo que se muestra en sí, a decir verdad, el ob-jeto. Es pues la ciencia físico-matemática misma, criticada por Husserl, la que analiza a través de la formalización-matematización aquello que meramente se muestra. No obstante, también la ciencia fenomenológica objetiva ella misma, con el fin de deshilvanar la "conciencia de nuestra conciencia del mundo" (Henry, 2006, p.23), instituyendo al sujeto como fuente de derecho y condición de posibilidad de la mostración de los fenómenos. Henry (2006) critica la "distancia fenomenológica" husserliana, por la que: "Lo que se nos presenta se nos presenta como distinto de nosotros y como ya siempre separado. A partir de entonces el ser va a ser pensado siempre en la Exterioridad trascendental, en un *Ek-stasis*, en una ruptura y separación originaria" (Henry, 2006, p.70). Tal distancia entre sujeto y objeto, afirma Henry (2006), le es propia a la totalidad de la historia de la filosofía y no merece otro nombre que el de "monismo ontológico".

En su obra *Yo soy la Verdad*, Henry (2001) señala que la ley del mundo consiste en la aparición de los objetos a la experiencia. Sin embargo, esa misma *dación* supone un *vaciamiento y despojo* de las cosas (doblemente exteriores), que caen en la irrealidad por mutar ellas mismas en imagen –o signo– meramente referencial para la conciencia; esta perspectiva asiste a la comprensión de la doble exterioridad, pues las cosas son, en primer lugar, exteriores al poder que las manifiesta, y por el otro, exteriores a ellas mismas por su vaciamiento al momento de darse. De este modo, Henry (2006) rechaza:

a) La *intencionalidad cognoscitiva* husserliana, ya que se aparta de las derivaciones propias de la filosofía fenomenológica supeditada a la diferencia monista entre sujeto y objeto, y establece una distancia ilusoria entre interioridad y exterioridad.

b) La *diferencia ontológica* heideggeriana, que comprende al ser como fundamento y condición primera de posibilidad de mostración de los entes.

Así, el concepto de *vida*, según Henry (2001), no es familiar a la interpretación heideggeriana que entiende al ser humano *como arrojado al mundo*, ya que la vida es ella misma *revelación*: "Lo que se manifiesta es la manifestación misma. Lo que se revela es la revelación misma, una revelación de la revelación, una auto-revelación en su fulguración original inmediata" (Henry, 2001, p.35).

3.1.1. *Concepto de vida*: Henry (2006) enuncia claramente el concepto de *vida*, en rigor: "Es este movimiento incesante de autotransformarse y de realizarse a sí misma" (Henry, 2006, p.20), cuya nota se identifica con la noción de *cultura* (anterior a la civilización y a la barbarie); fundamentalmente, es auto-afectación del aparecer, "el hecho mismo de experimentarse a sí misma en cada punto de su ser" (Henry, 2006, p.26).

Vida es el acto por el cual se manifiesta-revela la *vida* misma, lo cual configura ya una tautología e identidad y que, según Henry (2001, 2006), precede tanto a las *ciencias objetivas* –concernientes a la visión del ob-jeto– tanto como de las ciencias del espíritu –las cuales se conforman como *condición de posibilidad de la mostración misma del ob-jeto*–. Pues, ambos saberes precisan inevitablemente de la relación, *intencionalidad* o *ek-stasis*, en cuanto suponen el clásico distingo filosófico sujeto-objeto, y, en consecuencia, de una *distancia fenomenológica*: "Tal saber que excluye de sí el *ek-stasis* de la objetividad, un saber que no ve nada y para el que no hay nada que ver, que consiste, al contrario, en la subjetividad inmanente de su pura experiencia de sí y en el *pathos* de esta experiencia: éste es el saber de la vida (Henry, 2006, p.28). *Vida* no es para Henry visión-de o conciencia-de, por el contrario "implica el saber de la visión misma" (Henry, 2006, p.28).

En *La barbarie*, el autor propone un retorno a Descartes, criticando las interpretaciones que de él ensayaran Husserl y Heidegger. Pues, en cuanto la *vida* o pavor (*pathos*) se experimenta a sí misma en cada punto de su ser, se afirma una afectividad trascendental por cuyo poder de revelación "la visión se revela a sí misma" (Henry, 2006, p.31): en esa situación se halla el *cogito* cartesiano; ya en las *Meditaciones* –específicamente en la primera y en la segunda–, las ideas del espíritu (*cogitatio*), en cuanto poder revelador por el que el pavor se manifiesta a sí mismo, fundan el conocimiento de la conciencia y de la ciencia en general (*cogitatum*), cuya experiencia revela otra cosa que sí misma, a saber, el ob-jeto. La *vida* se constituye en auto-afectación trascendental previa tanto al *saber subjetivo* como al *saber objetivo-unívoco*.

En la medida en que la *visión del ob-jeto* presupone el saber de la visión misma y en que el saber de la visión es su propio *pathos* –la autoafectación de la subjetividad absoluta en su afectividad trascendental (trascendental = que la hace posible como subjetividad, como vida)– entonces esta visión del objeto no es simple ya que se autoafecta constantemente y sólo se *ve* en esta autoafección de sí como una *sensibilidad*. Y por ello, el mundo no se presenta como un mero espectáculo abierto a una mirada impersonal y vacía, sino un mundo *sensible*; no un mundo *de la conciencia*, sino un *mundo-de-la-vida* (Henry, 2006, p.32).

La auto-afectación de la vida, afirma Henry, engendra la *carne*; en la experimentación de la vida no hay *distancia* posible entre la experiencia misma y lo experienciado. Así, el ser humano no es ya *ser-en-el-mundo*, pues de ello se inferiría un estar arrojado fuera de la *vida* misma, es decir, una escisión respecto de sí mismo (enajenación marxiana, por ejemplo). Por tanto, en cuanto Dios ha creado el mundo, éste se presenta como realidad exterior a través de la cual es posible interpretar la existencia (*Dasein*), en Heidegger, como *ser-en-el-mundo*. Pero, el ser humano es Hijo de la Vida, y en cuanto "sí-mismo trascendental viviente", enfatizado su carácter *pasivo* –por el que abandona su condición de *je* y se hace *moi* (acusativo)– ha sido creado a imagen y semejanza de Dios y experimenta en cada punto de su ser, la carne viva (*Leib*).

La *vida* absoluta engendra al viviente, más ella misma se cierra sobre sí –fundando el pasado–, en una *memoria sin memoria*; la vida inmemorial, sobre la que todo retorno intencional ve fallida su empresa, es *pathos,* es ante todo siempre *carne*: "Lo ya absoluto del gozo autárquico de la Vida es lo Inmemorial, lo Archi-Antiguo que se sustrae a nuestro pensamiento –lo siempre ya olvidado, lo que se mantiene en un Archi-Olvido" (MV, 190/175 s.). En perspectiva, el Hijo de Dios se experiencia unido de manera inalienable a la autoafectación de una Vida Absoluta, la que, a su vez, lo precede destejiendo un Olvido absoluto del cual no es posible recuerdo consciente alguno.

La autoafectación de la carne viviente del Hijo –el *sí mismo que yo soy* (*moi*, acusativo)-, acontece en el proceso de autoafección de la Vida Absoluta que genera en sí la *Ipseidad* esencial de un Primer Sí-mismo (Archi-Sí-mismo de la Vida Absoluta, o Cristo), condición de posibilidad a su vez de todo viviente imaginable; el Verbo de la Vida Absoluta precede y posibilita la autoafectación *pática* de la carne auto-impresionable; así, el Hijo es en el Archi-Hijo y la carne se fenomenaliza; pero una fenomenalización tal, requiere comprender que el vivir en la Vida, como venir-en-la-carne, supone un nacer, es decir, una encarnación con la que la vida trascendental del ego sea "la vida misma de nuestro cuerpo originario" (Henry, 1965, p.272)", idéntico a la *carne* crística.

El movimiento corporal nos es dado en una experiencia interna trascendental como una modalidad de la vida. En la actualidad de su ejercicio, el poder no se experiencia como exterior a sí mismo sino como el poder del "yo puedo" que soy. Del cuerpo fundado u orgánico como conjunto de poderes sobre el mundo es necesario diferenciar el cuerpo absoluto u originario como poder de ejercer esos poderes. Esta coincidencia del yo originario con el cuerpo originario exhibe una libertad originaria en la que soy colocado sin separación alguna al alcance de mis poderes en la inmanencia de la subjetividad (Walton, 2008, pp-169-187). La subjetividad trascendental del *yo puedo* que soy se experiencia a sí misma y es en cada caso auto-afectada en la *Ipseidad* misma de la Vida Absoluta, con la cual entra en posesión de sí –y de ser uno consigo mismo–.

3.2. Diálogo entre Henry (2001, 2006) y De la Riega (1979)

La tesis primaria de Agustín T. de la Riega, filósofo argentino (1943-1983), acusa relación inmediata con la llamada *direccionalidad apriorística-fenomenológica de lo-dado* (*Es gibt*) al pensar, en tanto pre-supuesto heredero del subjetivismo moderno, el cual comprendía al ser humano como co-fundamento necesario de la facticidad, tal como lo interpreta Michel Henry. En este sentido, ambos autores tienen a bien criticar la distinción fenomenológica entre *lo que aparece* y *la manifestación misma*; sin embargo, Henry escoge enfatizar el camino de la *inmanencia de la subjetividad pática*, mientras que De la Riega extrema la apertura del *ser-en-el-mundo* anulando la *direccionalidad fenoménica* y fundando la vida *en-co-haber*, previa a la *intencionalidad*.

3.2.1. Prejuridicidad de la vida

De la Riega (1979) critica el que la filosofía haya interpuesto, en su devenir, un grandioso aparato cognoscitivo-inteligible, por cuyo medio ha de accederse –de forma inexorable– a la Vida (Absoluta): "Instalarse en la vida: en su acción, en su comunicación, en su conflicto, en su tensión, en su riesgo, exige correr el velo mítico del conocimiento. Exige destruir ese aparato que hemos construido: la mediación puramente gnoseológica" (De la Riega, 1979, p.59). Pues, la *situacionalidad en-co-haber* del hombre, mediada gnoseológicamente, relega la vida que "ya dejó de ser vida vivida para ser conocida, dada, contemplada" (p.59).

La inclusión de De la Riega del ser humano *en-co-haber* la vida, admite destituir toda *dación* fenoménica para comprender así, más allá de la filosofía fenomenológica, que *el haber-vida es anterior y punto de partida de todo régimen normativo*. En consecuencia, es claro que la vida sea para el argentino una dimensión primaria de la verdad irreductible: "La vida es abierta. El haber es abierto. A partir del en-co-haber se patentiza la fáctica abertura del haber" (De la Riega, 1979, p.63). Es, en este aspecto, que el pensamiento de De la Riega se separa indefectiblemente respecto del concepto *inmanentista-subjetivista* de Henry.

Ambos pensadores, no obstante, sostienen la *Vida Absoluta* (*haber*, en el caso de De la Riega) como previa a la *intencionalidad* misma. De la Riega (1979) critica también la *direccionalidad apriorística atribuida al fenómeno*, y aún más la *diferencia ontológica heideggeriana*. De este modo, sustrae al *Dasein* –o conciencia fenomenológica-contemplativa– de un puro mundo significativo (trama de útiles), con el objeto de revelarlo en la más violenta situacionalidad del *en-co-haber-vida*, sin mostración ni distingo sujeto-objeto, sin direccionalidad y sin mediación cognoscitiva.

El punto de partida de ambos es radical: la *Vida Absoluta*, contextuada en un momento anterior al *saber objetivo* de las ciencias y al *saber de la conciencia fenomenológica*: "Si la vida es en sí misma óntica, la filosofía es óntica. Si la filosofía es ontológica, la vida lo es antes. *La verdad no incluye primariamente al hombre en tanto piensa sino en tanto vive*" (De la Riega, 1979, p.173). El *mundo-de-la-vida* de Henry (2001, 2006), por su parte, supone la inmanencia auto-afectiva de la *Vida Absoluta*, como condición de posibilidad de la fenomenalidad de la *carne viviente*; en este sentido, la verdad de la vida es previa al saber consciente, tanto como del saber científico – forma elaborada de aquél–. Con De la Riega (1979), por tanto, se resumen el carácter pre-jurídico de la *Vida Absoluta*, debido a que "El conocimiento debe ser considerado a partir del haber-vida y no la vida a partir del puro conocimiento" (De la Riega, 1979, p.60).

3.2.2. Correspondencia entre la vida pática y la experiencia ontológica

Descartes constituye el punto de partida para la designación, en cada autor, del modo dinámico de ser-vivir. Por ello, De la Riega (1979) esgrime su concepto de *vibración ontológica* y *experiencia* al criticar que el espectro de acciones atribuidas al *ego cogito* cartesiano se vincule sólo con el *cogitare* o el *tomar conciencia-de*, sin distinguir entre "el yo en posición de sujeto y un yo objetivado" (De la Riega, 1979, p.67). De este modo, cualquier acción pre-jurídicamente revela la existencia misma, pues lo esencial de un *yo* es, en cada caso, ser un *quien*. De la Riega (1979), al igual que Henry (2001, 2006) considera que la intencionalidad es posterior al *haber-vida* mismo:

> La existencia no es un "donde", no es un "lugar" externo. No es un "movimiento", no es un ámbito. La verdadera dimensión ontológica de la existencia es la del haber. Existir, fundamentalmente es haber. En todo caso (según se aplique la palabra) un modo de haber. Afirmo que existo porque a mí me hay, no porque me haya en determinado "lugar" ni en determinado "movimiento" (...) La existencia de quien existe no es un puro "en".
> Heidegger le responde a Descartes que toda duda del mundo exterior llega siempre demasiado tarde porque lo presupone. El *Dasein* es siempre ya "en" un mundo. Esta crítica es exacta pero no es la más radical, porque tampoco la existencia de quien existe debe concebirse a partir del puro "en" de su ser "en" el mundo. Es verdad que a quien existe lo hay "en"... correspondencia, pero es esta correspondencia la que debe ser pensada a partir del haber y no el haber a partir de la pura correspondencia (De la Riega, 1979, p.70).

La sujeción al haber de la *intencionalidad* (posterior a la vida), expresada por la partícula *en*, concuerda con la propuesta de De la Riega (1979) concerniente a afirmar la *apertureidad* de la *primera persona*, a través de lo que denomina *experiencia ontológica*: el *yo* vibra (actúa), en cada caso, de manera dinámica, pues las vibraciones son *heterogéneas*: "Estas dinámicas, estas vibraciones tienen en común el ser vividas por el mismo yo" (De la Riega, 1979, p.71), pues, en definitiva "Vibrar es un modo de haber. Es un modo de haberme" (p.72).

La dinámica vibratoria de la *primera persona* torna al ser humano en un ser propio cuyas acciones, en ningún caso, han de separarse u objetivarse respecto del mismo *yo*. En consecuencia, *este haber-me* experiencial, cuyas vibraciones son inseparables –contra la *distancia fenomenológica*– auto-afectan ontológicamente al *yo*: es la vida misma que se experiencia en cada punto de su ser "que existe para ella, en ella y por ella" (De la Riega, 1979, p.75). El *haber-me* vibrando es un vivir que experimenta ontológicamente el *Haber-Vida*. Así como Henry (2001, 2006) reconoce que la *carne viviente* se encuentra unida al proceso de auto-afectación de la *Vida Absoluta*, De la Riega (1979) da lugar a la posibilidad originante de la *primera persona*, así como al carácter originado de la vida, en tanto la originación ajena estimativamente siempre conmueve al *yo*; en definitiva, como originante, el ser propio se auto-afecta dinámicamente, más como originado "Vivir es vivir en real circunstancia. Ser yo es ser en circunstancia. Mi vibrar es vibrar en, con, hacia, desde. Mi haber es sólo posible a partir de un en-co-haber. No hay modo de ser mío que no incluya realidad circundante" (De la Riega, 1979, p.76). El ser propio originado supondría la *exterioridad* del mundo; sin embargo, *haber-me en-co-haber* el mundo de manera originada, consiste en ser afectado y conmovido, pues "La violencia se sufre en medio del ser en el que se está metido. La violencia se siente en el mundo de la acción, no en el mundo de la contemplación" (De la Riega, 1979, p.244).

Con Henry (2001, 2006), toda forma de *exteriorización* ha de sucederse en cuanto afecta y se auto-afecta, constituyendo en dicho proceso su *Ipseidad* radical: el que el *Hijo* sea en el *Archi-Hijo*, mienta la identidad, creación y generación por la que la vida se halla unida a la *Vida Absoluta*, y el que la *carne viviente* se auto-afecte constantemente, manifestándose de esta suerte a sí misma. De la Riega (1979), por su parte, confía en que, quien vive se constituye inacabablemente a *sí mismo* (cfr. De la Riega, 1979, p.77) (*Ipseidad*), pero fundamentalmente afirma que la *vibración* dinámica del ser es "esa instancia en que el haber es lo mismo que el manifestarse. En que el haber es haber vida. Es haber vibración. Es haber manifestación" (De la Riega, 1979, p.77). De esta manera, en cuanto la *experiencia ontológica* de De la Riega (1979) es *primaria manifestación dinámica en-co-haber* de un ser propio afectado-conmovido, asistimos a la relación más íntima con el *pathos* de Henry (2001, 2006), en cuanto autoafección *inmanente de la subjetividad trascendental*.

3.2.3. Crítica a la conciencia fenomenológica

Tanto De la Riega (1979) como Henry (2001, 2006) describen la vida "en la embriaguez y en el sufrimiento" (Henry, 2006, p.933), en su proceso de auto-afección y dinámica vibración, anterior a la conciencia contemplativa y al lenguaje unívoco-objetivador de la ciencia físico-matemática. En este sentido, en sus apuntes de cátedra, De la Riega escribe: "Cuando defendía en Alemania, en ámbitos proclives a la fenomenología, mi tesis de que el conocimiento básico se constituye como vida en acto y como vibración, siempre me argumentaban diciéndome que eso suponía una parcialidad en la actitud de conocimiento" (De la Riega, p.23); tal es que la vibración ontológica, como *vida en acto* (visión misma) es con Henry (2001, 2006) el *saber de la vida*. Pues, ya que la conciencia es, en sentido estricto, condición de posibilidad del ob-jeto, es decir, de su mostración fenoménica en cuanto tal, la ciencia físico-matemática supone para sí, ante todo, la objetivación misma suscitada por esa conciencia intencional.

De la Riega (1979) critica a Husserl y a Heidegger: del primero, rechaza aquello que Husserl había recibido de Brentano, en rigor, la *conciencia-de*, sujeta a la *estructura de correlación universal*: "Desde el momento en que Husserl caracteriza la vivencia actual como un 'tengo conciencia de algo', cabe suponer que no concibe la manifestación de la vida personal sino a través de la mediación de la conciencia" (De la Riega, 1979, p.96). Pero, De la Riega (1979) no sólo comparte con Henry (2001, 2006) el rechazo a la *intencionalidad* husserliana, sino también la crítica a la conciencia fenomenológica heideggeriana, cuya característica fundante hace del mundo "un puro espectáculo abierto a una mirada impersonal y vacía (…) un mundo de la conciencia" (Henry, 2006, p.932). En sentido estricto, la vida vivida a través de la conciencia es en cada caso relegada, mediatizada o, como dice también el argentino, transformada en *mero espectáculo ante-los-ojos*: "El conocedor empieza por estar metido y por meterse. Y lo que conoce no es un espectáculo sino aquello que se entremete con él en un juego en el que ambos se juegan" (De la Riega, 1979, p.103).

3.3. Objeción a la *direccionalidad apriorística* de los fenómenos

El diálogo entre De la Riega y Heidegger solicita, antes bien, diferenciar la condición estructural del *Dasein* en cuanto "ser-en-el-mundo" y la nomenclatura referida al "en-co-haber". En este sentido, De la Riega (1979) acepta, en sentido amplio, la constitución del *Dasein* como aquél a quien "le *incumbe* su ser" (o le *va* su ser), es decir, "que es el *ser propio* por antonomasia, cuyo existir es, en cada caso, *su* existir" (De la Riega, 1978, p.182). No obstante, su crítica se concentra sobre:

a) El término heideggeriano "estar-en-el-mundo", por cuya explicación se accede al conocimiento del *Dasein* como esencialmente existencia *familiarizada* con la cotidianeidad de los asuntos (Cfr. Heidegger, STR, §12)

b) La relación intencional-interpretativa del *Dasein* con ese mundo, la cual puede concebirse sólo a partir del *poder-ser* y *comprender*, en tanto constitutivos de la correlación originaria "ser-en".

Es por ese ya indicado "estar-en-el-mundo", vinculante e intencional, que De la Riega (1979) halla –específicamente por la correlación simbolizada por la partícula "en"– la condición fundante de una apertureidad estrictamente *para la comprensión del darse fenomenológico de un mundo significativo*: "La exhibición fenomenológica del estar-en-el-mundo tiene el carácter de siempre (estar) ya … 'visto' de alguna manera en todo *Dasein*. Y esto es así *porque* él constituye una estructura fundamental del *Dasein*, en tanto que con su ser, el *Dasein* queda ya cada vez abierto para su comprensión del ser" (Heidegger, STR, §12)

De la Riega (1979) observa que el "en" propio del "estar-en-el-mundo", no se funda en el "haber" abierto y diferente del pensar, sino a partir del *puro aparecer los fenómenos para la comprensión*. Es a través del concepto de "direccionalidad apriorística" que denuncia la herencia subjetivista moderna concerniente a un *puro darse fenomenológico*. En rigor, si Heidegger afirma la inexistencia de una relación inmediatamente gnoseológica –esto es, científica– con el mundo, De la Riega (1979), por su crítica a la mostración de "lo dado" (*Es gibt*) y al *Dasein* contemplativo, afirma la inexistencia, *a priori*, de una *pura comprensión ante-predicativa*: es allí donde se circunscribe el *en-co-haber*, al entender pues que la *no-direccionalidad* de los fenómenos (dados) a la *comprensión*, radicaliza la facticidad originariamente violenta:

> Heidegger exige como anterior a la violencia la "abertura" de un mundo que es un encierro. Un encierro en la significatividad. (…) Heidegger mantiene la desconexión entre conocer y entrar en juego (…) y somete el haber y su facticidad violenta a la serenidad del lenguaje y a su originariamente dócil significatividad (De la Riega,1979, p.192).

3.3.1. Significatividad del mundo y precomprensión

Heidegger critica la pregunta tradicional de la filosofía acerca de la *esencia* (*Quid est hoc? Quod quid erat esse*) para señalar diferentes modos de ser de los entes, a saber, *útiles*, *Zeuge* (co-a-la-mano) que se remiten –o relacionan– (Heidegger, STR, §17) a su constitución pragmática (a su *¿para qué?*): "El primario 'para-qué' es un por-mor-de [*Worumwillen*]. Pero el por-mor-de se refiere siempre al ser del *Dasein,* al que en su ser *le va* esencialmente este mismo ser" (Heidegger, STR, §18). De este modo, la composición del *útil*, interrogada por las ciencias naturales (referidas al ¿qué es esto? del *útil*), se muestra como otra vía de acceso a los entes y remisión. En última instancia, el *útil* adquiere su significado en el marco de un contexto de entes utilizables o *plexo significativo*, cuya remisión final está referida a un *quién-en-el-mundo*: el *Da-sein*.

Heidegger supone la existencia del mundo como lo *ahí-ya-dado* fenoménicamente: los entes intramundanos *se muestran en su ser* "en la medida en que se 'da' mundo" (Heidegger, STG, §16). Sin embargo:

    a) La expresión "se 'da' mundo" traducida al castellano por José Gaos, ha de separarse radicalmente de la traducción que Jorge Eduardo Rivera hace del mismo pasaje: "El ente descubierto sólo puede mostrarse en su ser en la medida en que 'hay' mundo" (Heidegger, STR, §16).

    b) La versión inglesa *Being and Time* de 1962, traducida por John Macquarrie y Edward Robinson, ilustra el mismo problema[14], a saber, la interpretación de "lo dado" como "*there is*"; en rigor: "The world itself is not an entity within-the-world; and yet it is so determinative for such entities that only so far as 'there is' a world can they be encountered and show themselves, in their being, as entities which have been discovered" (Heidegger, BT, §16).

Pues, De la Riega (1979) acepta la traducción de Gaos, que interpreta el "*Es gibt*" de la versión original de *Sein und Zeit* como

---

[14] En la versión francesa "Heidegger, M. (2005), *Être et temps,* trad. Emmanuel Martineau": "*Le monde n'est pas lui-même un étant intramondain, et pourtant il détermine cet étant à tel point qu'il ne peut faire encontre et, en tant qu'étant découvert, se montrer en son être que pour autant qu'il 'y a' monde*".

propiamente "lo dado"[15]. Es menester entonces que, en alusión a la crítica a la *direccionalidad apriorística* del darse fenomenológico, se interprete al "*Es gibt*" alemán como "lo dado", antes que como "hay", ya que el propósito de De la Riega (1979) consiste en comprender el *darse fenomenológico* en contraposición al *haber*. Para ello, referencia los parágrafos §15, §16, §18 y §32 de *Ser y Tiempo* y, de estos, describe:

a) El carácter jurídico del mundo heideggeriano, en cuanto *dado*.
b) La naturaleza temática de los *útiles*.

La expresión "*Dasein*-en-el-mundo", implica por parte del *ser-ahí* interpretar la realidad separando y distinguiendo unos de otros los entes temáticos-intramundanos que se muestran en su ser, tras la presuposición de un mundo-ahí (a-temático) y ya dado. El *ser-en-el-mundo* presenta un conocimiento temático de los útiles y un trato-con familiar a-temático, o pre-comprensión referida al mundo mismo (ser, o nada de todo ente) como condición de posibilidad de la tematización interpretativa de los entes; en este sentido, el mundo es pre-comprendido como el trasfondo gracias al cual la totalidad de los entes intramundanos (plexo significativo), *se muestra*. De la Riega (1979) critica, luego, la perspectiva que define la estructural significatividad o "pura totalidad" en conformidad con "puras partes", posible gracias a un mundo que aparece, a su vez, como "requisito condicionante de la inteligibilidad-comprensión" (De la Riega, 1979, p.180).

La tematización del útil (texto), en consecuencia, es sólo posible ante la substracción que de él se hace, *reduciéndolo* a una trama significativa (contexto), y por esto también, al mundo-ser, a la nada de todo ente que se da-ahí (cfr. De la Riega, 1979, p.181).

---

[15] La dificultad adviene por la traducción del término "*Es gibt*" como "hay" -por efecto del verbo impersonal "*Es*", el cual co-implica en su forma al verbo irregular "*geben*", es decir "Dar"; aun cuando la traducción interprete el "*Es gibt*" como "hay", éste será inevitablemente derivado de un "dar" infinitivo, por el cual José Gaos y De la Riega confirman la dimensión primera de "lo dado".

3.3.2. Reducción, nihilización y deuda ontológica

Reducir consiste, según De la Riega (1979), en nihilizar un sector del ente de tal que su sentido o fundamento advenga –le sea *dado*– por otro ente o no-ente, indicando la sub-misión y sometimiento (tal mecanismo es advertido a partir de la esquematización de la *diferencia ontológica*. Heidegger aclara que el *mundo* "No es él mismo un ente intramundano" (Heidegger, STR, §16), ni la suma de entes podrían conformarlo tampoco. La reducción muestra una *deuda ontológica* por la cual ha de entenderse que el *sentido* del ente está *dado* por un mundo *ya-dado-ahí*, previamente. En consecuencia, el contexto significativo (la trama de *útiles*) somete, nihiliza y subsume a los entes intramundanos. Pero, en última instancia, esa totalidad de entes *se muestra*, "se da", gracias a un mundo (no-ente) por el cual los útiles (y todo ente) adeudan su posibilidad de ser.

La significatividad del contexto de *útiles*, en conformidad con la pre-comprensión ontológica propia de aquél *ser-en-el-mundo*, supone la substracción del pensar, que si bien es constatado como un modo-de-ser del *estar-en-el-mundo*, conserva sin embargo al *Dasein* "fuera del mundo", inmerso en la pura significatividad. Esta tesis puede considerarse errónea, debido a que el pre-comprender supone la *apertura*, la familiaridad del *Dasein* con el mundo cotidiano. De hecho, De la Riega (1979) entiende la *comprensión* heideggeriana como equivalente al conocer husserliano (p.174). En esta línea, pre-comprensión significa *primaria experiencia ontológica del haber*, antes que un "ver en torno". Sin embargo, es posible asentir que tanto la pre-comprensión heideggeriana (familiaridad: *colo, habito, diligo*) como primaria *experiencia ontológica* y la experiencia ontológica de De la Riega, están ambas referidas a un momento previo al lenguaje, interpretación y conocimiento, por cuanto constituyen estructuras originarias del *Dasein* (*a priori*). No obstante, De la Riega (1979) rechaza el *aparecer* o *darse fenomenológico* con el cual Heidegger edifica su obra, a partir de §7.

El concepto de *direccionalidad apriorística* o *metafísica* es el núcleo de la crítica de De la Riega (1979) a la fenomenicidad de un mundo dado a la pre-comprensión como un todo significativo; más, en última instancia, la crítica a la familiaridad de la *comprensión práctica heideggeriana* está dada por considerarse como una interpretación articuladora del sentido ante-predicativo:

> El trato circunspectivo-interpretante con el ente a la mano del mundo circundante, que lo "ve" en *cuanto* mesa, puerta, coche o puente, no tiene necesidad de exponer también en un *enunciado* determinativo lo circunspectivamente interpretado. Toda simple visión antepredicativa de lo a la mano ya es en sí misma comprensora-interpretante. ¿Pero no es la carencia de este "en cuanto" lo que constituye la simplicidad de la pura percepción? El ver que tiene lugar en esta visión es siempre comprensor-interpretante. Encierra en sí los respectos remisionales explícitos (del para-qué) que son propios de la totalidad respeccional a partir de la cual queda comprendido lo simplemente compareciente (Heidegger, STR, §32)

Según De la Riega (1979), el *darse del mundo* presupuesto-ahí, su sentido pre-comprendido, se encuentra dirigido finalmente hacia la interpretación apropiadora. En esta estructura mundanal-significativa conformada, a su vez, por entes (*prágmata*, temas, asuntos), el *Dasein* interpreta temáticamente *útiles* que se muestran en su ser "gracias a" la pre-comprensibilidad práctica que se había tenido del mundo; así, las partes adquieren su sentido ("deuda ontológica" mediante), "por-mor-de" un contexto significativo reducido al ser (mundo). Por esto, De la Riega (1979) describe la imposibilidad de experimentar entes como temáticamente aislados:

> Es verdad que la lapicera conforma una estructura con el papel, la mano, el apoyarme (...); pero sólo por una abstracción (...) puedo suponer una "temática" lapicera aislada o, considerado más profundamente, algo aislado y "de suyo" desprovisto de sentido, para observar que el sentido le viene de una totalidad de conformidad (De la Riega, 1979, p.180)

En este sentido, De la Riega (1979) critica la sectorización que hace Heidegger del ser (todo-partes), la cual es considerada ilegítima, en defensa del haber como *factum* primario donde se funda la estructura: "No es que lo total sobrevenga sobre lo parcial para estructurarlo. Es que no hay puras partes y lo llamado parcial es ya estructural, *es* ya" (De la Riega, 1979, p.180)

3.3.3. Violencia originaria

De la Riega (1979) se propone indicar, entonces, que la facticidad heideggeriana no es tal: la violencia originaria y la diferencia es reducida y ocultada, por:
  a) El *aparecer-darse* de un contexto significativo.
  b) La articulación interpretativa de ese sentido pre-comprendido-comprensible, pues la apertureidad del *Dasein* no lo abre a la diferencia pavorosa de la facticidad, sino a un sereno entramado de significados y remisiones.

Anular la *direccionalidad metafísica* implicaría, por tanto, destruir la *significatividad* y pasividad del pensar –que deja ser al ser– y pasar así a la dimensión primaria (e inmediata) del *en-co-haber*, cuya principal característica supone eliminar la reducción y submisión de *lo dado* o *aparecido* a un *Dasein* que pasivamente lo contempla sin ser violentado; en efecto, según De la Riega (1979) para la fenomenología (de Husserl o Heidegger), la facticidad es primariamente *significado*, es mero espectáculo-ahí (ante los ojos). "Si el *factum* es primariamente significación, el ser es primariamente serenidad y nuestra relación con él es primariamente de contemplación. Si el *factum* es primariamente significatividad ya está excluida la violencia y paralizada la libertad" (De la Riega, 1979, p.180). La *apertureidad* heideggeriana simbolizada por la expresión *ser-en-el-mundo*, que asume la "comprensión" y el "encontrarse" como los modos de ser más originarios del *Dasein*, es clausurada sin embargo a la pura comprensión-interpretación y contexto significativo.

Por la *intencionalidad*, la fenomenología de Husserl-Heidegger se opone a la separación entre alma-cuerpo (antigüedad-Medioevo) o sujeto-objeto (Modernidad), por lo que buscar pruebas contundentes, como quiere Kant, sobre la existencia de cosas "fuera" de la dimensión interna del sujeto, contra el escepticismo, es para Heidegger un "escándalo filosófico" (Heidegger, STR §43). *Ser-en-el-mundo* implicó, en este sentido, el intento por erradicar la dicotomía tradicional entre interioridad-exterioridad, así como la dependencia del mundo respecto del *ser-ahí*: el mundo es, en cada caso, un *existenciario* del *Dasein*. Pues bien, según De la Riega (1979): "Esa realidad externa e independiente que buscaba Descartes, tenía además otro matiz implícito nunca determinado con absoluta precisión: el de ser diferente de quien la buscaba" (p.216). Así, la inmediatez del mundo patente a través del "ser-en", es mediatizada sin embargo por Heidegger a través del "aparecer-desaparecer", que no *comprende* al mundo como distinto absolutamente del pensar, pues el *darse apriorístico* del mundo-ahí enmascara la diferencia, o de otra forma, *oculta* la violencia originaria de la facticidad misma. Por esto:

a) Heidegger funda el "ser-en" sobre el *aparecer*, el *darse apriorístico* del ser al pre-comprender.
b) De la Riega lo hace sobre el haber-violento.

Es entonces que el *aparecer* funciona para De la Riega (1979) como figura homogeneizante que enclava al *Da-sein* en la interioridad de un sentido donado al pre-comprender. El en-co-haber, por su parte, se corresponde con la anulación de la "direccionalidad metafísica" que substrae al ser-ahí como puro comprender de un mundo-ya-dado, para insertarlo, sin medianía, en el haber "no dado", y en consecuencia, violento: "En el orden del puro aparecer la *noyoidad* radical está necesariamente excluida" (De la Riega, 1979, p.220).

En *Razón y Encarnación*, De la Riega (1978) sostiene que la mayor limitación de Heidegger consiste en su oposición al racionalismo dominante moderno, encarnado en la formalización-tecnificación del mundo, a partir del puro pensar contemplativo que deja ser al ser. Pero, es ciertamente por esta contemplación que el *Dasein* no es violentado por la facticidad y diferencia, pues, si ante

todo desapareciera la dimensión del puro aparecer-para-la-comprensión, el "ser-en" *comprendería* el carácter violento del ser. En definitiva:
- a) En Heidegger la pre-comprensión es familiaridad, habitualidad con un ser/haber que ha de aparecérsele necesariamente a la contemplación.
- b) En cambio, la experimentación ontológica de De la Riega (1979) supone la dimensión del en-co inmediata a un haber no-direccionado apriorísticamente a un *Dasein* o comprensión alguna, lo que confirma la diferencia radical entre ser y pensar.

3.3.4. El ser y el habla

En este ap., se hace referencia al §34 de *Ser y Tiempo*, así como *De camino al habla*, en diálogo con De la Riega (1979). Heidegger indica que el estudio acerca del *habla* había adquirido para sí, desde Aristóteles la identidad lenguaje/habla-pensamiento-realidad, sindicando de esta suerte al lenguaje como *mostración o expresión de los padecimientos del alma*, la cual era a su vez afectada por las cosas. Este razonamiento, afirma Heidegger, tiene culminación en la obra de Wilhelm von Humbolt *Sobre la diversidad de la construcción del habla humana y su influencia sobre el desarrollo espiritual de la especie humana* (Berlín, 1836), quien entiende el *hablar* como la articulación de sonidos y la labor del espíritu (actividad humana), que expresa un pensamiento. Humbolt sitúa al habla –que se torna mundo– entre el *sí mismo* y los objetos. Heidegger refiere a este *mundo* como a una verdadera *visión de mundo* situada en el marco de la relación dicotómica-moderna "sujeto-objeto", en la que se concibe propia la identidad y correspondencia entre significación y significado. Al respecto, no niega dicha correspondencia, pues su intención primera es otra, a saber, "llevar el habla, como habla al habla" (Heidegger, 1987, p.225). Por tanto, *el camino al habla* supone advertir al habla como acto co-originario y previo a toda interpretación del habla como habla.

Tal análisis se instituye como la dimensión hermenéutico-interpretativa, característica por ejemplo de *Ser y Tiempo*, más ahora aplicada a la visión del habla como gobernante de un círculo –el movimiento mismo del habla hacia sí misma– pleno a su vez de sentido. En tanto la arquitectura fundamental de la pre-comprensión-interpretación del mundo, así como la del habla, es el círculo hermenéutico –el mundo aparece, se muestra como "lo dado" a un *Dasein* que lo comprende a-temáticamente–, en esta misma línea, *llevar el habla, como habla al habla*, implica concebir una dimensión a-temática del habla, como propia de cada *Dasein*, la cual sin embargo puede ser interpretada a partir de lo que "ya desde siempre y en la misma medida –que se observe o no– co-habla *(Mitspricht)* en el hablar" (Heidegger, 1987, p.225). No se evidencia, en este punto, una escisión manifiesta entre la *analítica existenciaria* de *Ser y Tiempo* y las palabras del llamado Heidegger tardío; en rigor, ha de suponerse, en cada caso, la circularidad hermenéutica que hace del mundo un ahí-dado que aparece, y la posibilidad de un hablar que "dice" lo presente, en cuanto un des-ocultar al mundo y a sus entes posibles.

La hermenéutica de Scheleimacher y Dilthey, implícita en la *estructura de correlación universal* husserliana, se manifiesta en el pensamiento de Heidegger debido a que el mundo se constituye como un "ahí" pre-comprendido y luego interpretado. Tal situación puede vislumbrarse en sus reflexiones acerca del habla, pues, si bien se diferencia explícitamente del complejo identitario lenguaje-pensamiento-realidad, por la co-implicancia del círculo hermenéutico ha de asentir a la realidad en su estricto carácter de palabra o significado (plexo significativo), dirigido *apriorísticamente* a un *Dasein*. En segunda instancia, ese *aparecer metafísico* del ser al *Dasein*, ha de ser mostrado en el habla, en cuyo movimiento el *decir* se despliega. En este sentido, el *decir* se distingue del puro *hablar*: en tanto el *decir* es un mostrar *lo presente* (el mundo-ahí o el ente), Heidegger lo define como un acontecimiento-apropiador (*Ereignen*): "La apropiación no es la suma (resultado) de otra cosa, sino la donación, cuyo gesto donante sólo y primeramente consiente algo como un *Es gibt,* un «hay», del que incluso «el ser» está necesitado para alcanzar lo suyo propio en tanto que presencia" (Heidegger, 1987, p.11). Otra vez, la traducción que Zimmermann hace del *"Es gibt"* como "hay" parece inconsistente, ante la evidencia ostensible de la *donación* indicada por Heidegger mismo; no obstante, es por el *decir* como acontecimiento-apropiador que el ser "se da" en el habla, se muestra en el lenguaje (*casa del ser*). Pero ¿Qué esconde, a la luz de la crítica de De la Riega, el *mostrar-decir* dado en el despliegue del *habla-círculo*? A ello, debe añadirse otro interrogante ¿Cuál es el origen de la mostración? En síntesis: el acontecimiento-apropiador.

El *comprender, encontrarse* y *hablar*, en cuanto actos co-originarios, suponen en Heidegger la estructura *gestáltica*, pero en otro sentido más primario, el esquema hermenéutico-interpretativo construido a partir de la distinción "(trans)-fondo-figura"; en cada caso, el mundo "se da", así como también el habla "se da" y es mostración a su vez de "lo dado", es decir, de los entes y del mundo que los muestra. De la Riega (1979), con esto, advierte que el "darse apriorístico" se halla direccionado metafísicamente a un pensar o comprender, lo que supone también una dualidad entre "lo que concretamente se da y lo que queda retenido" (De la Riega, 1979, p.43) ¿Qué es, pues, aquello oculto tras la máscara del mostrar(-se)? El advenimiento apropiador (*Ereignis*). La etimología del término revela aspectos más dichosos de análisis: *"Er-eigen"* y *"Er-augnen"*. La raíz *"Eigen"* ha de referirse ciertamente a "lo propio"; por su parte *"Auge"* (ojo), puede interpretarse como un "ver", un *comprender*, en relación con la metáfora heideggeriana de la luz. *Ereignis* (*happening*) es aquello que, *aconteciendo, se muestra desde sí mismo al comprender.* Casper (1996) menciona la doble significación de *Ereignis* de una manera más eficaz, al definirlo como aquello que se muestra (*ostendere, mostrare*) y a su vez acontece (Casper, 1996, pp.3-21).

De esta manera, se observa la dualidad co-implicada en el *darse apriorístico*, así como la *mostración para la comprensión*: *el darse del habla, que admite la mostración del decir, tiene su origen en el acontecimiento (donación) dado a la pre-comprensión*; con ello, si el mundo "se da" y el habla "se da", ambos se muestran a la *comprensión*, pues ambos acontecen, en rigor, porque aparecen, o muestran lo aparecido/pre-comprendido. Pero, demás:

> La palabra también pertenece a lo que hay, pese a todo, quizás no sólo "también sino ante todo", de tal manera que en la palabra, en su esencia, se oculta aquello que da. Si pensamos rectamente, nunca podremos decir de la palabra: ella es, sino: ella da (*Es gibt*), no en el sentido de que "se den" palabras, sino en cuanto sea la palabra misma la que da. La palabra: la donante (*das Gebende*). ¿De qué hace don? De acuerdo con la experiencia poética y según la más antigua tradición del pensamiento, la palabra da: el ser. Entonces, pensando, deberíamos buscar en el "ella, que da" (*es, das gibt*) la palabra como la donante misma, sin estar ella jamás dada (Heidegger, 1987, p.173)

La experiencia pensante, la *escucha del habla*, da cuenta del *decir*, en cuanto *mostración* a través de la palabra, del *ser*: el *habla se da*, pero, ante todo, *el camino al habla es posible por el habla misma*, que *dice-muestra* los entes intramundanos presentes (luego interpretados), o bien, muestra el *acontecimiento*: el hecho de darse tiempo y de darse ser (Heidegger, 2000).

Es entonces que el ser acontece en el orden del decir enunciativo, concebido como "una mostración que determina y comunica" (Heidegger, STR, §3) en el momento de circular despliegue del habla: el camino atiene una pre-comprensión experiencial del habla, en tanto apertura co-originaria junto al encontrarse; así, el *decir* muestra lo comprendido siempre bajo determinado *temple de ánimo*. Si bien el método heideggeriano, el camino hermenéutico del habla adviene como un paso distintivo respecto de la comprensión clásica de lenguaje como sistema de signos -o gramática normativa-, la mediación subjetivista del *Dasein* con el mundo, por efecto de la llamada "direccionalidad apriorística" de "lo dado" al pensar, implica advertir la subsistencia de la tradicional identidad aristotélica "lenguaje-pensamiento-realidad", obligada ante una palabra que "da ser", más un decir que muestra "lo dado": el *mundo-ahí*, concebido en su carácter de pura aparición para el pre-comprender, existenciario del ser-en-el-mundo, remite al *Dasein* a en estado de encierro en la pura significatividad de un mundo que se le aparece sometido y sereno; viene aquí el habla a mostrar "lo dado" al *ahí* que lo deja-ser, por la escucha y pasiva contemplación: "Para la ontología fenomenológica, la realidad es en sí misma palabra porque desde sí misma acontece como mensaje dirigido al hombre" (De la Riega, 1979, p.160).

Mundo significativo y *sentido*, a causa de su originaria donación a un pre-comprender y a un hablar, enmascaran, según De la Riega (1979) la violencia propia de una facticidad siempre pluridimensional y diferente; en consecuencia, por la "direccionalidad apriorística" y por la concepción de *mundo-dado* como causa primera de la mostración posible de la trama significativa de entes, De la Riega (1979) no acepta el primado de un *Da-sein* fáctico, ni de una experiencia ontológica de la *diferencia habiente* ¿Y en qué radica esa diferencia? Ciertamente, en que *ser y pensar son distintos*, en la medida en que el mundo no "aparece" ni "se da", es decir, en cuanto *se suprime toda donación originaria de tiempo y de ser*: "El decir tiene valor significativo en virtud del haber que señala, pero el haber en sí mismo no implica ni revela en general una intencionalidad significativa" (De la Riega, 1979, p.166).

3.3.5. λόγος y violencia

Comprensibilidad y correspondencia ser-pensar: ¿Qué vínculo hay – o puede al menos vislumbrarse– entre el λόγος prepotente heleno-heideggeriano y la violencia originaria del *haber*? El eje vertebrador de una posible respuesta puede formularse atendiendo al problema de la identidad y diferencia entre ser y pensar. En este sentido, Heidegger advierte que la distinción ser-pensar concurre con la contrastación propia de la *direccionalidad del pensar respecto del ser*, es decir, con la clásica contrariedad del pensar situado *ante* un ser que potencialmente es sometido e interpretado. Pero, dicho distingo no se funda en una absoluta diferencia: hay, en rigor, una originaria correspondencia de lo separado vista ya por Heráclito a través de la identificación entre φύσις y λόγος. Heidegger (1972) denuncia las incorrectas interpretaciones, a lo más falsificaciones, de estas palabras griegas, anteponiendo la concepción de λόγος como *decir, palabra, discurso*, e ignorando, de esta suerte, su sentido primero, a saber: "Totalidad reunida del ente mismo" (Heidegger, 1972, p.167). λόγος, comprendido como re-unión es juntura con el ser, interpretado en tanto φύσις, y en este sentido como "fuerza imperante que surge" (Heidegger, 1972, p.163), a decir verdad, como presencia estante-constante.

La lectura de los fragmentos 50 y 73 de Heráclito, mientan la argumentación heideggeriana que considera al λόγος como aquella reunión de la totalidad estante del ente: el ser en cuanto presencia, φύσις. La re-unión lógica de lo presente supone la vincularidad de los opuestos en tensión –su fluir y re-fluir–, *a fuer* del arte expresado en la batalla (πόλεμος), ha de concluirse que λόγος y φύσις (pensar y ser), originariamente se corresponden: el λόγος re-une y sostiene (conserva) la emergente presencia de la φύσις que es puro aparecer-presencia. Heráclito, desde este abordaje, designará la jerarquía y fortaleza del ser –en cuanto λόγος–: "Porque el ser es λόγος, ἁρμονία, ἀλήθεια, φύσις, φαίνεσθαι no se muestra discrecionalmente" (Heidegger, 1972, p.171); en rigor, *sólo algunos abandonarán el vago oír el murmullo de las muchedumbres, para escuchar al ser, pues su fortaleza y jerarquía requiere ser percibida por los más fuertes*: en cuanto el ser (λόγος) se muestra, "la voz llega a ser palabra (..) [y] el mero oír confuso se convierte en escuchar" (Heidegger, 1972, p.170). Aquellos, los fuertes, quienes abandonan la obstinación y ceguera que aparta a los hombres sumiéndolos en la sola comprensión inmediata de los entes *co-a-la-mano, comprenden* (poder-ser) *el ser*; "los fuertes", oyen las palabras y los dichos cotidianos (habladuría), más también escuchan el λόγος, oculto y revelado tras la piedra.

La correspondencia originaria de la unidad pensar-ser, fundamenta la distinción consiguiente, a partir del aparecer fenoménico concebido como presencia-estante de la φύσις y el ocultamiento tras el ente por parte del ser. Heidegger (1972) analiza la diferencia ser-pensar corrigiendo la falsificación moderna de la sentencia parmenídea: "El pensar y el ser son lo mismo". Al respecto, la cita correcta afirmaría: "La percepción y el ser son mutuamente correspondientes" (Heidegger, 1972, p.183), instituyéndose la unidad pensar-ser por la comprensión de "lo mismo" ya no en los estrictos términos de una igualdad lógico-matemática. Pues, se trata antes sí de la correspondencia entre dos partes opuestas: *el ser que se muestra acogido por la comprensión*. Ambos términos de esta oposición acontecen de manera simultánea: "La percepción acontece necesariamente con la aparición" (Heidegger, 1972, p.176). Pero, la comprensión es propia del ser humano: éste acontece –por la comprensión entendida como suceso–, en tanto ente, con *la aparición misma del ser*; es por tal sincronía correspondentista entre *aparecer* y *comprensión* que el ser humano histórico acoge, guarda e interroga su propio ser.

La situación interrogativa del ser humano respecto del ente –y de éste mismo como ente– abre al *ser* a la historicidad aconteciente que lo *muestra*: en cuanto el ser humano cuestiona su condición óntica, se abre también al saber explícito de su propia historicidad; muta la pregunta ¿qué es el hombre? por aquella más originaria ¿quién es el hombre? Esta actitud discriminativa-interrogante muestra al hombre como quien es: "Sabemos que sólo en el πόλεμος, en la posición-discriminatoria (del ser) acontece la separación de dioses y de hombres. Sólo esa lucha …, muestra" (Heidegger, 1972, p.181). La actitud crítica consistente en poner ciertamente al ente en crisis se corresponde con el intento de proyectar en éste aquello que no está-ahí presente: la proyección sobre el ente ha de constituirse en *poetizar originario* que busca *poner al ente en su ser*, es decir, mostrarlo en cuanto tal. En resumidas cuentas, *la mostración del ser acontece en sincronía con una comprensión que lo acoge*; la raíz identitaria se funda en la humanidad de la comprensión, pues el ser humano, en actitud discriminatoria-interrogativa se abre al acontecer histórico de su ser, distinguiéndose de los otros entes intramundanos.

Es en la lucha (πόλεμος) que el *ser* –dioses y hombres– se *muestra*; hay, así, una anterioridad evidente de la violencia por sobre el aparecer; no obstante, tal mostración se corresponde, en el tiempo, con la comprensión-suceso propia del hombre-interrogante, cuyo pensamiento poetiza y, justamente, propone una experiencia poética del *habla*, en vistas de la vecindad, *a priori,* entre filosofía y poesía: "La proximidad que aproxima es el advenimiento apropiador (*Ereignis*) mismo, desde el cual poesía y pensamiento están remitidos a lo propio de su esencia" (Heidegger, 1972, p.175)

Heidegger (1972) interpreta el Canto primero del coro de Antígona (332-375), con el fin de entrever la diferencia ser-pensar; en efecto, el análisis se sucede a través de tres pasos en los que es co-implicada, gradualmente, la concepción trágica del hombre griego, arrojado violentamente al mundo, –puesto en obra–: hombre, concebido como lo más pavoroso (*tó deinótaton,* terrible) entre lo pavoroso (los entes). El carácter violento del ser humano no es comprendido como un adjetivo atribuido libremente a un puro sustrato de propiedades: la *violencia es esencial a un hombre que a su vez la practica* violentado por el ente (*to deinón*) que lo subyuga y arranca de lo familiar. No obstante, éste, siendo lo más pavoroso *entre lo* pavoroso, transgrede también la frontera de lo cotidiano rumbo a lo subyugante: "Por todas partes el hombre se abre camino; se atreve a enfrentar a todos los dominios del ente, del imperar que subyuga y, por eso es arrojado fuera de todo camino" (Heidegger, 1972, p.188)

La condición errante del hombre, la expulsión cotidiana de todo sitio familiar, han de violentarlo. Pero éste, una y otra vez se vuelve contra la totalidad del ente re-unido y subyugante, abriéndose caminos en medio de la tiranía: funda la πόλις, el sitio-allí del acontecimiento histórico *en, a partir* y *para* el cual el ser se muestra y acontece. Es la batalla (πόλεμος), rey heraclíteo, que en su violencia *muestra* –en su ser– el yugo del mar y de la tierra; más, sólo por la radical fundación poética de la πόλις, el hombre se muestra allí en su ser, en cuanto acontecer histórico, victorioso un instante frente al laberinto de lo ente que impera. La abertura de los caminos, cuyo ápice se muestra en la πόλις, ha de suponer la vincularidad poético-violenta del hombre: "Únicamente cuando concibamos que el empleo de la violencia en el lenguaje, en la comprensión, en la edificación y en la construcción crea simultáneamente (es decir, siempre produce) la acción violenta propia de abrir caminos dentro del ente que circunda con su poder imperante, sólo entonces entenderemos el carácter pavoroso de toda actividad violenta" (Heidegger, 1972, p.194). Allí el habla: decir y poetizar propios, sin más, de la violencia con la cual el hombre se contrapone al ente. Allí también, la diferencia ser-pensar, fundamentada en la originaria identidad entre λόγος y φύσις. Pues, el hombre, comprensión-suceso, pone en obra al ser en cuanto lo muestra; pero tal mostración acaece en cuanto funda poéticamente, abre caminos en el empleo del lenguaje concebido ya como "casa del ser".

Heidegger (1972) interpreta la técnica-arte (τέχνη) como saber (*knowing*) que *pone en obra al ser*, lo *muestra*; sin embargo, la actividad violenta (τέχνη) del *Dasein* se estrella contra la triple articulación del ser *proporcionada* por la justicia (Δίκη), concebida aquí como "juntura estructural" del ser, en cuanto λόγος-φύσις: "La *technê* irrumpe contra la *dikê*, la cual, a su vez, entendida como juntura (*Fug*), dispone de toda *technê*" (Heidegger, 1972, p.171). La violencia originaria de la fundación poética se quiebra así ante la prepotencia eternamente unificadora del ser: toda batalla ante λόγος ha de estar ya perdida, pues la destrucción y sometimiento de lo ente es otra vez reducida por la juntura y lógica re-unión del ser que surge. La comprensión-suceso es violencia que se extirpa a sí misma (por el llamado) de lo familiar, contra el ser que violenta y unifica su destrucción, su *technê* que pone a su vez en obra al ser, revelándolo en el ente. En este marco, pueden considerarse tres momentos:

    a) El arrojo originariamente violento (πόλεμος, que separa a hombres y a dioses) del *Dasein* al mundo

b) La abertura de caminos, por la fundación poética (actividad violenta, en la que se emplea el lenguaje y la comprensión) de la πόλις como el sitio-allí adonde el ser acontece históricamente y se muestra

c) En la πόλις, sin embargo, por el cotidiano ir y venir de la existencia, el *Dasein* puede caer. No obstante, su recuperación lo abre distintivamente a lo no-familiar, a saber, a lo no-ente. Es entonces que la auténtica patencia se da en la comprensión-suceso como mostración del despotismo "lógico" de la φύσις, cuya violencia quiebra a la τέχνη, en cuanto poder-ser-culpable del *Dasein*, concebido como in-cidencia: "El hombre abandona la prepotencia a su principio unificador (…) Lo prepotente, el ser, se confirma operando como acontecer histórico" (Heidegger, 1972, p.200).

Por su poética lucha en contra de Δίκη, el ser humano pierde su sitio: se exilia en busca de lo no-ente que se revela, a su vez, como lo prepotente; la actividad violenta es, antes sí, empleada por la comprensión-suceso situada en correspondencia necesaria con el ser; la comprensión se manifiesta decisivamente toma de posición violenta contra la cotidianeidad insignificante de los entes: el λόγος habilita, de esta forma, la reunión con la comprensión, en cuanto actividad violenta que muestra la triple naturaleza del ser articulado. En efecto, la correspondencia entre comprensión y ser, ha de tornarse *necesaria*, en cuanto ambas se reúnen en aquello no-familiar, es decir, en lo más pavoroso entre lo pavoroso: por su actividad violenta (el poetizar), el ser humano pone en obra a un ser que se muestra (aconteciente históricamente), absolutamente despótico y destructor. Pero, a su vez, el λόγος concurre con la esencialización del hombre, por la comprensión que muestra lo aconteciente: "El ser humano, en cuanto necesidad (*Not*) de percepción y reunión, es la obligación (*Nötigung*), en la libertad, de asumir la τέχνη, es decir, de la puesta en obra del ser mediante el saber. De tal suerte hay historia" (Heidegger, 1972, p.206).

Es en la re-unión misma entre λόγος y τέχνη, por la violencia, que el ser se hace patente y des-oculta así la emergencia constante de la φύσις. Y entonces, se accede al conocimiento del λόγος en su camino al habla, pues, el origen del lenguaje se da, ante todo, gracias a la prepotencia del ser que posibilita lo apareciente: en la salida violenta que la existencia hace desde su yerro cotidiano entre los entes (existencia in-auténtica), rumbo a lo no-familiar, el ser se muestra ya en la palabra, y allí se sostiene (conserva) "en estado de patencia, de delimitación y constancia" (Heidegger, 1972, p.207). La palabra ha de ser empleada como señal que muestra la reunión originaria del ser articulado, su violencia; el hombre, por su comprensión-suceso –en tanto actividad violenta correspondida necesariamente con el λόγος– reúne la poesía, a lo bien la palabra poética, con la prepotente φύσις que en cada caso, violenta:

> Donde el lenguaje habla como reunión que emplea violencia, como doma de lo prepotente y como conservación, allí y sólo allí, también hay necesariamente disolución y extravío. Por eso, el lenguaje, en tanto acontecer, es al mismo tiempo, y siempre, habladuría; en lugar de manifestación del ser, su encubrimiento; en lugar de reunión en el ensamble y la juntura, su dispersión en lo desordenado (Heidegger, 1972, p.208)

La abertura poética de caminos ha de culminar con el desvelo, en rigor, con el des-ocultamiento del ser revelado despótico en la palabra; más, la caída en el enmascaramiento de la prepotencia originaria de la articulación tripartita del ser, sólo se alzará derrotada en cuanto el lenguaje tenga por referencia primera el λόγος fundamental (advenimiento apropiador): en definitiva, esa tarea está reservada al poetizar-pensante y pensar-fundador, al poeta, al pensador.

3.3.6. Heidegger y De la Riega, en torno a una conclusión

La originaria *patencia* de esa articulación del ser pavoroso es enmascarada por el *habla*, más, ateniendo a la crítica de De la Riega (1979), *sí y sólo sí el habla es habladuría*. Pues, en el marco previo del círculo hermenéutico, el discurso (*Rede*) asignado como interpretación de un sentido pre-comprendido, suponía un mundo significativo ahí ya dado, pero, fundamentalmente, la apertureidad del ser-en-el-mundo. Ahora bien, el *Da-sein* es arrojado violentamente al "uno" interpretado, más su modo de ser allí es originariamente in-auténtico: *hablará*, pues, sin apropiarse previamente de la cosa, de tal que su hablar consistirá en repetir y difundir lo ya dicho, lo ya dado (se define, *das Man*); lo que antes era pura apertureidad, se torna ahora cerrazón y encubrimiento del ente intramundano.

La razón de esta clausura del *Dasein* sobre las meras palabras – remitidas a otras más– se funda en la anulación de todo *decir* posible y, en consecuencia, de cualquier mostrar al ente mismo del cual se habla; es entonces cuando el hablar desvía su atención del $λόγος$ heraclíteo como referencia, que la violencia originaria del ser es enmascarada por la pura repetición y avidez cotidiana de novedades. El encubrimiento de la violencia, propio de una existencia inauténtica, supone en la *analítica existencial* heideggeriana un estado de caída, a la vez que la situación del ser humano como co-fundamento necesario del ser:

> Esta conexión entre el ser y el existir del hombre (*Dasein*) (y las cuestiones que le son afines) no concierne, en general, a indicaciones de planteamiento gnoseológico, ni a la observación externa de que toda concepción del ser dependa de una concepción de la existencia <humana>. (Si la pregunta ontológica, no sólo indaga el ser del ente, sino el ser mismo en su esencialización, se necesitará, del modo más pleno y expreso, una fundamentación de la existencia <humana> (*Dasein*) derivada de esta pregunta, a la cual se le dio por eso, y sólo por eso, el nombre de ontología *fundamental* (Heidegger, 1972, p.210)

Dicha ontología se funda en la idea de una originaria correspondencia (necesaria) entre el ser humano y el ser; en este sentido, la comprensión, en cuanto actividad violenta ($τέχνη$, *knowing* o habitualidad con las cosas), se relaciona con la pre-comprensión expuesta en *Ser y Tiempo*, ya que el lugar de *patencia*, el *ahí del ser*, ha de situarse justamente en la comprensión que acoge a la φύσις. El *decir*, la actividad violenta constreñida a la fundación poética que abre caminos (a un *Dasein* de posibilidades) muestra, con todo, la violencia del ser.

Es por la medianía establecida a partir de la *mostración* y *correspondencia* necesaria entre ser y hombre que De la Riega (1979) critica a Heidegger: la sabiduría del lenguaje (en cuanto señalamiento) como *casa del ser*, signa la llamada "direccionalidad apriorística" del ser que acontece. Así, la *diferencia* entre el *ser* y la *comprensión* – como *ahí del ser*– que Heidegger no encuentra –según De la Riega (1979)–, por el *comprender* y la *mostración*, es buscada a través de la *diferencia ontológica*. En rigor, por la *comprensión* del ser concebido como *lo misterioso*, que se oculta (Λήθη) ante el pensar, y aparece por ello substraído como fundamento último de lo ente.

La diferencia ontológica ha de constituirse, entonces, a partir del *ente* observado por la ciencia como lo aprehensible, y en esta línea, por el *ser*, entendido como *lo otro del ente o la nada de todo ente*. Según De la Riega (1979), el *ser* es *contemplado* por Heidegger desde la misma posición teórica desde la cual el científico *observa* al ente, a saber, desde la *comprensión*: "El ente-otro-del-ser es el ente que en sí mismo no es y al cual todo lo que es le viene desde fuera como un favor. El ente-otro-del-ser es el ente definido por su deuda" (De la Riega, 1979, p.248). En definitiva, por la *diferencia ontológica*, el ente queda nihilizado, huérfano de fundamento y antes bien, culpable, pues "vive su deuda original como culpa" (De la Riega, 1979, p.248).

La revisión de la *diferencia ontológica* –que instituye la deuda y la culpa– como medianía para *comprender* la diferencia entre ser y pensar, supone para De la Riega (1979) la necesidad de un giro por el cual la existencia auténtica asista a la interpretación del *Dasein* en cuanto acogedor, ya no del ser violento *que se da y se muestra*, pues: "La dimensión primaria no hace Centro en el hombre, ni hace centro en Otro. Que la dimensión primaria en su ontologicidad -en su esencia más profunda- no hace "centros". Que es facticidad des-Centralizada. Justamente, porque nace como facticidad" (De la Rega, 1979, p.164), en tanto que Heidegger asume el carácter violento del ser, pero esta violencia, su πόλεμος, muestra finalmente y, aún, precisa de la comprensión humana a quien aparecérsele.

El giro antropocéntrico subjetivista-moderno forjado en la confianza de una razón omnipotente solicitaba para sí la identidad ser-pensar. Heidegger, diferenciándose del discurso cienticista, vislumbra el carácter misterioso y trascendente del ser respecto del pensar; empero, la diferencia propuesta es reducida por la direccionalidad del *aparecer* (*Es gibt*), que se instituye a modo de mediación representacionista en la relación del "ser-en" con el mundo.

Capítulo IV
Alternativas a la preeminencia del pensar el *ser* como dador de realidad y sentido

Matías Ahumada

4. La dinámica de la evasión en Lévinas, la *originariedad* de la impresión en Henry y el *estar* como fundamento en Kusch

La intención de este cap., no consiste en relacionar los conceptos de los citados autores analizando sus argumentos y ponderando los lugares en común, sino más bien:

a) Señalar sus diferencias a la hora de explicar de qué manera debe existir (ser-por fuera) una realidad básica que no entra *a priori* en el juego del conocer (iluminar-informar) el mundo, que impone su verdad independientemente del poder de conformación que pueda llegar a tener la *intencionalidad* cognoscente y reflexiva.

b) Mostrar cómo esas diferencias hablan de una pluralidad de perspectivas posibles cuando se trata de alternativas a la actitud tradicional del pensamiento occidental.

Estas alternativas tienen, cada una, sus singulares "piedras de toque" o fundamentos metafísico-fenomenológicos, que muestran en qué consiste la esencia de la realidad, y cada una tiene sus límites más allá de los cuales se torna *indecible,* filosóficamente, la *comprensión* del origen o el sentido de ese fundamento.

4.1. El escape del ser

Lévinas (1999) encuentra que el pensamiento occidental caracteriza la *preeminencia del ser* como lo que informa lo existente con una determinación óntica y lógica, y así sólo piensa *lo que es* hasta el punto en que incluso *la nada* se torna en un ente. Pero, lo existente, afirma, por su dinámica misma se ex-pone ante sí mismo en su evasión. El existente se rebela, se resiste buscando la pura exterioridad con respecto a la absoluta identidad que comporta el hecho de ser: el modo de ser de las cosas, los entes, obtienen su plenitud y contundencia del modo en que el ser se basta absolutamente a sí mismo. Al mismo tiempo, esta autosuficiencia es la base de la autosuficiencia del *yo*. A partir de aquí, Lévinas (1999) considera que hay una insuficiencia de la condición humana que tradicionalmente fue comprendida como una carencia, una limitación para ser lo que estaría destinada a ser, destino que se cifra en una trascendencia de la finitud propia de tal condición. Sin embargo, la misma se evidencia en la vivencia íntima de la imposibilidad primaria de abstenerse de la propia presencia y no en la finitud. No es ya en un *trascendens* que se libera el existente, sino en una *excedencia*:

> La insuficiencia de la condición humana nunca ha sido comprendida de otro modo que como una limitación del ser, sin que fuera nunca considerada la significación del 'ser finito'. La trascendencia de esos límites, la comunión con el ser infinito seguía siendo su única preocupación... Y sin embargo la sensibilidad moderna se enfrenta con problemas que indican, acaso porprimera vez, el abandono de esa preocupación por la trascendencia (Levinás, 1999).

Esta excedencia o evasión encuentra, en principio, su expresión fenomenológica en la propiedad de la necesidad como búsqueda de satisfacción cuya manifestación más cruda se da en la *náusea* como dinámica de auto-vaciamiento que, al mismo tiempo, ahoga la propia seguridad óntica y hace a la existencia resolverse por fuera del hecho de ser, en tanto auto-identidad. El sujeto experimenta en el hastío de la náusea la ligadura esencial, no sólo a su propia carne, sino también a su mundo, y más honda y definitivamente, al ser de su ser y del mundo:

> En la intriga que se teje entre el hombre y el ser y solamente ahí es donde algo de este ser puede decirse; en esta existencia y a través de

> ciertas modalidades que le afectan y le dan su sabor y sus matices es donde la meditación filosófica u ontológica va a encontrar su punto de partida. Y, en el ensayo sobre la evasión, el sentimiento que permite a la vez acercarse inicialmente al problema del ser y calificar la modalidad según la cual el ente humano se relaciona con él, es definido como *'el sentimiento agudo de estar clavado'*. (…) Lo que cuenta en toda esta experiencia del ser no es el descubrimiento de un nuevo carácter de nuestra existencia, sino el de su hecho mismo, el de la inamovilidad misma de nuestra presencia (Rolland, 1999)

La náusea acontece, precisamente, porque se constata existencialmente que debajo del ser no existe sostén metafísico alguno. El ahogo del estar arrojados a la existencia proviene de la imposibilidad de salir de ella, del hecho de su pura presencia o, como afirma Lévinas (1999), de la brutalidad del ser. Se revela, también, el vaciamiento del mismo "proyectarse" heideggeriano: no hay salida o lugar hacia dónde efectivamente dirigirse puesto que, desde el principio, estamos arrojados hacia nosotros mismos, plenos de propia identidad:

> Hay en la náusea un rechazo a permanecer en ella, un esfuerzo por salir de ella. Pero este esfuerzo es caracterizado de aquí en adelante como desesperado: lo es en cualquier caso para toda tentativa de actuar o de pensar. Y esta desesperación, este hecho de estar clavado constituye toda la angustia de la náusea. En la náusea, que es una imposibilidad de ser lo que se es, se está al mismo tiempo clavado a uno mismo, encerrado en un estrecho círculo que ahoga. Uno está ahí, y no hay nada para hacer, ni nada que añadir a este hecho de que hemos sido entregados por entero, de que todo está consumado: *es la experiencia misma del ser puro…* (Levinás, 1999)

La esencia misma del ser es impotencia, por cuanto no es por necesidad que el existente busca suplir una carencia, sino por su imposibilidad de alivio, evasión o salida de sí, afirma Lévinas (1999). Esto revela, en el carácter propio de la existencia misma, una paradoja y una imperfección que no proviene de una finitud, sino precisamente de la esencia del ser, esto es, de la existencia. Es, afirma Lévinas (1999), la marca de la existencia del existente sea éste concebido como ente humano, divinidad o cualquier otra categoría fundamental.

La *evasión*, en definitiva, puede intuirse como un acontecimiento que quiebra la unidad con que la tradición occidental había fundado la relación de identidad entre el pensar y el ser. Esta unidad da como resultado exclusivamente un pensamiento de lo Mismo, de la Identidad, sin posibilidad alguna de relación con un Otro, con la Diferencia, con el No-Ser.

4.2. La impresión como manifestación de la *Vida*

Henry (2001) denuncia la dualidad fundamental que implica el pensamiento filosófico tradicional, según el cual la manifestación de la realidad básica, por sí misma, no puede darse si no es a través de una especie de creación del mundo, esto es, de una objetivación que produce, por oposición-opacidad, los entes (objetos) que devuelven el "saber de sí" a esta manifestación, y que, de esta manera, le dan su identidad, le permiten conocer-se. Esto, según Henry (2001), lleva a situar fuera de sí lo que es propio de la realidad misma, esto es, a simplemente *ser en el aparecer*: el "aparecer del mundo", la objetivación del ser que produce todo lo que es, no puede dar cuenta del aparecer mismo, es decir, del aparecer como acontecimiento primordial, siempre previo a todo mundo.

Sobre una supuesta potencia activa y creadora, que caracteriza al pensar occidental, se erige toda filosofía de la luz bajo el modelo de la *visión*, esto es, del ojo del alma que no es más que el intelecto, que configura el mundo y lo saca de la oscuridad de lo informe y lo ilimitado.

En Husserl, se evidencia que, según el modo de ser de la conciencia como *ser conciencia-de algo*, este algo, por la acción que tiene sobre el mismo, deviene en una idealidad: el objeto que con él se forma tiene en definitiva el estatuto de *pura significación*, es decir, de irrealidad noemática, en cuanto el *nóema* es un constructo. A partir de aquí se abre la crucial pregunta por la realidad de ese "algo" que, en definitiva, es entendido como impresión. Pero, la *impresión* no depende, para aparecer, para ser impresión, de ninguna intencionalidad o *nóesis*, pues, la realidad primigenia que produce lo que Henry (2001) llama *impresión*, se sitúa por fuera y antes de todo mundo entendido como constructo óntico de una conciencia o estructura trascendental subjetiva. Se trata del *aparecer* mismo, del puro manifestarse la realidad del ser en tanto esencia del fenómeno.

Este aparecer no es inefable como lo es el *noúmeno* kantiano; no se sitúa en el lado oscuro de una intencionalidad o conciencia (no es un inconsciente, no es una voluntad irracional schopenhaueriana) sino que, precisamente, es la pura manifestación, la claridad de la verdad de la Vida misma viviéndose a sí misma en la impresión. Pero ¿Dónde y cómo se reconoce fenomenológicamente la cualidad de esta impresión? La procedencia absoluta que encuentra Henry (2001) de la realidad del aparecer del ser es el *dolor*, el sufrimiento encarnado: el dolor, como *impresión* originaria, elemental, es un absoluto sentirse, dolerse a sí mismo y no una cualidad del objeto doliente. La impresión que acaece sobre el viviente que sufre es sufrimiento en sí y por sí, pura auto-afección que no depende de ningún afuera para ser en tanto que no es susceptible de ninguna objetivación en el mundo de manera de poder ser, captado en su realidad por algún proceso intencional. Asimismo, desde el punto de vista del flujo temporal, el dolor quiebra esa continuidad ideal porque hunde su manifestación en el instante, en un *ahora* que no es presente deudor de un futuro y deviniente en un pasado, sino una eternidad viva:

> Dado que la posibilidad interior de cada impresión es su venida a la vida quela hace auto-impresionarse, no ser viva, real y presente más que en ella, en esa auto-afección patética de la vida y por ella, en consecuencia, lo que permanece es *una sola y misma experiencia de sí que continúa a través de la continua modificación de lo que experimenta y que ciertamente no cesa de experimentarse a sí*

misma, de ser absolutamente la misma, una sola vida y la misma. He aquí por tanto lo que subsiste en el cambio incesante de la 'impresión': lo que siempre está ahí antes que ella y que permanece así en ella, lo requerido para su venida y en lo que esta venida se cumple, no la forma vacía del flujo sino el abrazo sin falla de la vida en la auto-afección patética de su vivir –en su Presente vivido– (Henry, 2001).

Por esta vía, se comprende que Henry (2001) haga depender la fenomenología de la impresión de una fenomenología de la Vida, de *la carne que se vive*, que se impresionaa sí misma. Esta *carne*, pura inmanencia, escapa a la determinación óntico-ontológica del mundo como *aparecer*, como objetivación, y por lo tanto como movimiento trascendente de la intencionalidad. La impresión hecha carne, sólo se remite a sí misma, vivenciándose en el instante agudo del dolor, y sólo así logra zafarse del ser-mundo y manifestarse como un único aparecer del aparecer de la Vida.

4.3. El fondo seminal del ser: el *mero estar*

En el pensar kuscheano hay, en apariencia, una dualidad esencial susceptible de crítica por parte de un análisis como el de Henry (2001) o Lévinas (1999). Sin embargo, la relación kuscheana "ser/estar" no es directamente proporcional, precisamente porque Kusch (1978) considera que se da una *fagocitación* del ser por el *estar*. La modalidad de existencia que se caracteriza por el dinamismo y la actividad informadora sufre un reacomodamiento, una transformación en el suelo más originario, de una manera de existir que tiene los rasgos de la vitalidad previa a toda configuración y que hace posible toda forma de ser.

El *mero estar* es, para Kusch (1978) el modo ontológico básico por el cual se despliega la Vida en tanto existencia[16]. No consiste en

---

[16] "Por eso en realidad se piensa a partir de cómo se come aquí, de qué se

una proyección sino más bien en una apropiación, sedimentación, una atracción y contención de lo real que alimenta al existente. El *mero estar* es el fondo vital, siempre presente y distendido en todas las modalidades de existencia que comporten espera, escucha, pasividad, recibimiento, propiciación, obtención del fruto. El *ser*, como impulso definido en Occidente a la hora de construir un proyecto metafísico-cultural, comporta las modalidades del *dirigirse-a*, de la agresión, la creación de objetos, de la compulsión, la proyección y la tensión.

En las reflexiones kuscheanas, a partir de los estudios de la cosmovisión indígena andina, es posible encontrar algunos paralelismos con las tesis de Henry (2001). En este sentido, *Viracocha* es la *manifestación vital absoluta* que, en realidad, nunca hace más que "rozar el ser", lo que implica que su forma de aparecer en la existencia sea desapareciendo del mundo:

> El episodio teogónico según el cual Viracocha sale de la inercia para crear elmundo no sólo no consiste en un paso hacia la inmutable eternidad sino que tampoco plantea la necesidad de que el dios tenga estas cualidades. En otras palabras, diremos que el dios no apunta al *ser*, como algo absoluto y eterno, sino que, simplemente, lo roza, y únicamente a los efectos de imponer el orden porque, luego, ya vuelve otra vez a su mero *estar*, o sea que desaparece, de tal modo que sólo queda registrado en los himnos como un dios ausente (Kusch, 1999)

La realidad vital, que comporta un carácter sagrado para el indígena, obtiene su manera de ser en el mundo desapareciendo, porque el dios nunca aparece en el mismo, es decir, nunca se somete

---

produce, de lo tradicional que condiciona todo quehacer, todo esto enredado en el poder ser, pero invertido como ser de la posibilidad que es, pero que está condicionado por la cultura que abarca todo lo que hace al estar, como ser vida-muerte, y que no se puede hacer mejor ni peor, porque sólo se está aquí y ahora." (Kusch, 1978).

a la mirada iluminadora e informadora de un conocer o identificar. Es una presencia ausente y por esto se sitúa más acá del ser, en la inmanencia pura del estar aquí, fuera de toda determinación esencial incluso como divinidad o eternidad:

> Pero todo este proceso se efectúa dentro de un concepto peculiar de *eternidad*. Este último vocablo se dice, en quechua, *huiñay pacha*, término éste que no tiene el sentido occidental de una eternidad uniforme sino que se refiere a una eternidad como simple crecimiento. Asimismo, el quechua no cree que ese crecimiento sea eterno sino que considera que todas las cosas, incluso la eternidad, se 'gastan'. (…) Se diría entonces que el mundo quechua no refiere o no trasciende sus cosas a un mundo de esencias inmutables sino que impregna con un hondo sentido vital o, mejor, con características propias de la vida a sus conceptos (Kusch, 1999)

Para el existente en su simple vivir el *estar* se traduce íntimamente en un miedo básico frente al mundo. Este miedo opera no sólo en la estructura existencial indígena, sino que es rasgo propio de la condición humana, afirma Kusch (1999). El desamparo frente al mundo y sus fuerzas caóticas hacen que el miedo que está en el existente se exprese en la consecución y construcción de objetos que pueblen y ordenen el mundo (*polis*), construyendo a la vez una modalidad de existir en la que predomina la auto-erección de un sí-mismo como "ser alguien", como proyecto en definitiva de un ser-objeto y objetivante que opaca su miedo primigenio (véase 3.3.5.).

Las culturas indígenas y campesinas, en cambio, conjuran el caos del mundo apegándose a la sacralidad de la existencia, esto es, *al mero estar como patencia de un Otro*, como darse el fruto, como sostenerse provisoria y débilmente, pero, a la vez, incorporado plenamente a una estructura viva (la *pacha*) que otorga un sentido que no pasa por el *logos*, sino más bien por el *mythos*.

El desamparo del *mero estar* se revela como la vivencia que posibilita que el existente "toque" *lo real* en su manifestación más terrible como un mundo que amenaza, porque su fuerza es de por sí azarosa y peligrosa, es decir, potencialmente capaz de destruir toda construcción humana individual y cultural. El miedo indígena implica, desde el inicio, un estar en medio del mundo según el cual todas las determinaciones de las circunstancias de ese estar, con sus inclemencias, configuran un modo de ser peculiar que se caracteriza por una paradójica inestabilidad primordial: nunca es definitivo el ser del existente como "ser alguien", precisamente porque el mundo, la realidad en su faceta inexorable, amenaza constantemente esa endeble identidad haciéndola provisoria; lo que permanece es el *mero estar*.

De este modo, en Occidente sólo se puede pensar *lo que es*, y así el pensar queda siempre preso del lado de las formas, del concepto que define al ser. Sin embargo, las fenomenologías de la existencia intentan quebrar esta preeminencia, al buscar otras vías para la expresión de un pensamiento que no sea deudor de tal prioridad ontológica del discurso-pensamiento sobre la realidad.

Los tres pensadores presentados buscan, por diferentes vías del lenguaje, señalar lo no pensable en términos del ser; es "aquí", en la sede de la existencia que, fenomenológicamente, se conjuga la realidad: por el camino de la *náusea,* del *dolor o* del *miedo* se esquiva al ser pensado como esencia, porque es en esas vivencias primigenias que se toca *el fondo de lo real* y a partir de las cuales se juega la existencia como tal.

La nada que subyace a la retirada de los entes frente al existente revela también el vacío de toda sacralidad posible. Esta sacralidad es la que parece recuperarse, bajo el signo de la Vida en Henry (2001) y de la seminalidad del *mero estar* en Kusch (1987). En Lévinas (1999), también, se vislumbra tal sacralidad, por cuanto lo ético no está desvinculado de lo religioso en su sentido más profundo, ya que la relación ética y religiosa es relación que mantiene siempre la inexorable distancia de *lo Mismo* con *lo Otro*. Esto significa que, mediante diversas experiencias vitales, cuyos fenómenos constituyan un salir por fuera de la determinación óntico-ontológica del mundo, es posible acceder a una comprensión genuina del misterio que comporta lo real.

Capítulo V
Caso de estudio: fenomenología existencial del embarazo y la fecundidad en la temprana edad

Fernando Proto Gutierrez; Marcelo Barrera; Miriam López; Marta José

5. Introducción

El presente cap., tiene como objeto presentar una investigación estructurada que interroga el sentido de la fecundidad en la temprana edad y el mundo circundante de la gestante, desde la perspectiva de la fenomenología existencial de Martin Heidegger. Se trata de los resultados del proyecto CYTMA2 realizado en el Departamento de Ciencias de la Salud de la Universidad Nacional de La Matanza, como segunda parte del proyecto "Características socio-culturales del embarazo y la fecundidad adolescente en el Partido de La Matanza" dirigido por Mario Rovere y co-dirigido por Marta Susana José, en el período 2015-2016, cuyo propósito consistió en describir los aspectos socio-sanitarios relacionados con el embarazo y la fecundidad, hábitos sexuales y cuidados de embarazadas adolescentes de 10 a 19 años. En este sentido, esta segunda parte del estudio se propuso interpretar el *sentido de las vivencias subjetivas de las adolescentes gestantes*, conforme al proyecto de vida de la población seleccionada en su mundo circundante.

El estudio fue cualitativo estructurado, con entrevistas en profundidad realizadas a 6 adolescentes gestantes de 10 a 19 años, así como a 6 mujeres mayores de 24 años que hubieran sido madres en la temprana edad y a las cuales se accedió por medio de un muestreo no probabilístico en cadena. Para el procesamiento de datos se utilizó una técnica de codificación deductiva, a partir de las categorías de la analítica ontológica-existenciaria de Martin Heidegger, en los términos que precisa la metodología fenomenológica desde Husserl.

5.1 El embarazo y la fecundidad adolescente en La Matanza

Las características socioculturales del embarazo adolescente en el contexto sociosanitario del Partido de La Matanza han sido estudiadas en el proyecto de investigación CYTMA2, Código CSAL009, realizado en el Departamento de Ciencias de la Salud de la Universidad Nacional de La Matanza. La metodología empleada había sido fundada en un modelo sistémico de salud "en la traza de una serie de círculos concéntricos o niveles de análisis que se despliegan desde el nivel macrosocial, al más próximo para el adolescente, a saber, el de la conducta o hábitos, vinculados a las percepciones, actitudes y conocimientos" (CSAL009 2015:27). De esta manera, el objeto de estudio se estructuró a partir de un orden macro-social en el que primaban los dispositivos socioeconómicos, mientras que las variables próximas al entorno de la adolescente co-implicaban el lugar de residencia, la estructura familiar y los grupos de sociabilidad integrados por docentes y grupos de pares, la disponibilidad/accesibilidad a servicios de prevención y atención a la salud –especialmente salud sexual y reproductiva–, y la disponibilidad/accesibilidad a recursos anticonceptivos. En esta segunda parte del estudio se indagó sobre el *sentido de la vivencia o experiencia subjetiva vivida* de las gestantes adolescentes, en relación con el proyecto existencial posible, desde un abordaje cualitativo fenomenológico fundado en las categorías del análisis ontológico de Martin Heidegger.

Los datos recolectados en el proyecto CSAL009 revelan la situación de vulnerabilidad socioeconómica de la población adolescente investigada, así como un alto índice de interrupción de la escolaridad y posteriores dificultades para la inserción en el mercado laboral. La iniciación sexual temprana, así como la edad de las parejas de las adolescentes, manifiesta una estructura de organización social y familiar patriarcalista en la que la función de la mujer se inter-vincula al ejercicio de un rol reproductivo-doméstico como único proyecto existencial posible, frente al rol productivo-público ejercido por los varones, hecho que legitima un sistema de dominación, concebido éste desde una perspectiva de género: acontece, de un modo no manifiesto, una feminización y reproducción de la pobreza, en correlación con dispositivos de coerción y represión que legitiman la violencia de género, en un contexto sociocultural en el que el embarazo es esperado.

El embarazo adolescente deriva en el incremento de las tasas de mortalidad y morbilidad materna, con anemias, infecciones urinarias, hipertensión gestacional, desnutrición materna, hemorragias asociadas, también desencadena afecciones placentarias, parto prematuro, rotura prematura de membrana, desproporción cefalopélvica, etc., e incidencia de enfermedades de transmisión sexual (vaginosis bacteriana, HIV, HPV, sífilis) y de transmisión materno-infantil (sífilis, Chagas-Mazza), hecho confirmado en la casuística recolectada en la primera parte del proyecto. De esta manera, la caracterización sociocultural y el contexto sanitario en el que "se da" fenomenológicamente el embarazo adolescente en La Matanza, constituyó un paso previo en orden a problematizar el sentido mismo de la vivencia de la adolescente durante su gestación, fenómeno relevante con respecto al objetivo de trazar un mapa completo sobre la fecundidad en la temprana edad en el contexto de La Matanza y a los fines de contribuir a una formación más específica en el área materno-infantil de los estudiantes del Departamento de Ciencias de la Salud, cuya actuación profesional habrá de tratar-con la población diana que se presenta.

Por otro lado, mientras que el proyecto CSAL009 favoreció la construcción de un saber concreto, referido a las características particulares del embarazo adolescente en el territorio, en esta segunda parte del estudio el abordaje fenomenológico fundado en la experiencia vivida de la fecundidad en la temprana edad permitió desplegar una ontología existencial del embarazo adolescente, tal que contribuyó a transitar desde un abordaje cuantitativo del problema, a otro fenomenológico-cualitativo, que contribuyó también a ensayar una de-construcción del discurso dado por la narrativa de las entrevistadas, en orden a construir una ontología epistemológica universal-trascendente, situada *desde, en y con* la experiencia vivida de las adolescentes en su *modo de estar-embarazada* "en-co" el mundo que las circunda.

La interpretación del sentido de la vivencia del embarazo en la temprana edad, desde la perspectiva fenomenológica que co-implica la categoría latinoamericana de "universal situado" (Mario Casalla), supuso, entonces, el enraizamiento de un modo de hacer-ciencia reflexivo (pensamiento situado), que asumió el "mundo de la vida" tal cual se presenta, traspasándolo hacia su destino y fundamento histórico-social, en la dimensión témporo-espacial que atraviesa la existencia contextuada de las adolescentes: "El universal-situado latinoamericano tiene que hacerse cargo, entonces, en primer lugar, de su relación inescindible con la cultura y la historia. Como correlato de esto aparece la categoría de "diferencia", que es lo propio de cada contexto cultural en que se piensa situacionalmente" (Lértora Mendoza, 2010, p.99).

El sentido de la vivencia del embarazo en la temprana edad señala la orientación del caso de estudio, en el que la experiencia subjetiva vivida es expresión misma de un fenómeno concreto, caracterizado ya en un contexto de vulnerabilidad social y económica. De aquí que una fenomenología existencial, cuyo punto de partida es la "situación" vulnerable de una población oprimida por la violencia que conlleva la desposesión de recursos materiales y simbólicos y una estructura de dominancia cultural patriarcalista, favoreció el posicionamiento de los investigadores participantes en la co-presencia dialógica con los sujetos de investigación y la consecuente construcción de una ontología que se inicia en la narrativa o discurso propio de la población estudiada.

5.1.1. Objetivo general: el objetivo general de la investigación consistió en interpretar el sentido de la vivencia del embarazo y mundo circundante de gestantes adolescentes en el Partido de La Matanza, en el período 2017-2018.

5.1.1.1. Objetivos específicos: al considerar la técnica de codificación deductiva utilizada, los objetivos específicos se formularon en correspondencia con el marco teórico heideggeriano:
- a) Identificar el plexo anímico (*Befindlichkeit*) de la gestante adolescente, en relación con el proyecto existencial posible y la experiencia subjetiva vivida.
- b) Comprender las prácticas de cuidado y auto-cuidado (*Sorge*) como formas de anticipación en el estado de abierto del ser-en-el-mundo (En-der-Welt-sein) como estar-embarazada.
- c) Reconocer el modo de existencia auténtico/inauténtico de la gestante adolescente, en conformidad con las percepciones de sí misma y de los otros.

5.1.2. La inserción de una hipótesis en el marco de un diseño cualitativo debe concebirse como la contracara de uno de los pasos del método fenomenológico mismo, a saber, el hacer "epokhé" de los prejuicios subjetivos del investigador, en orden a favorecer la mostración del fenómeno tal cual es. No obstante, considerada desde la perspectiva ontológico-epistemológica de Heidegger, la hipótesis puede ser concebida como una interpretación posible que procede del marco de pre-comprensión propio del *estar-en-el-mundo* de los investigadores, en relación con el fenómeno al que la consciencia intencional se refiere. Así es que, con sustento en el estado de conocimiento y a la articulación explicitada en el marco teórico, pero en esencia, a la pre-comprensión del contexto socio-cultural del embarazo adolescente en La Matanza revelado en la primera parte de este estudio, la fecundidad en la temprana edad y su sentido debiera interpretarse en los términos que concita ser una vivencia *esperada* por el mundo circundante a las adolescentes, caracterizado por el rol reproductivo-doméstico que *se muestra*, en el horizonte de la interpretación subjetiva y en tanto "poder-ser" del *Dasein*, arrojado temporalmente hacia el futuro, como la única modalidad posible de pro-yecto existencial. Edith Pantelides (2004) enuncia, en ese sentido, dos formas de interpretar dicho pro-yecto, en rigor:

Estos se clasificaron en "tradicionales", cuando las respuestas de las encuestadas sobre cómo imaginan su futuro a los 25 años se orientaban a la vida reproductiva (matrimonio, hijos) o carecían de proyectos, y "modernos", cuando se referían a estudios universitarios y al trabajo en el caso de las mujeres (Pantelides, 2004, p.25).

Así es que la hipótesis que guía el presente estudio supone que el *plexo afectivo* que atraviesa la percepción subjetiva y modalidad de vivencia del embarazo adolescente es el de la angustia, cuando el embarazo se muestra (fenomeniza) en términos análogos a la muerte, como la imposibilidad de toda posibilidad de elegir un "proyecto existencial moderno", desencadenando *horror* en la gestante adolescente. Por el contrario, el estado anímico de la adolescente embarazada es el de *esperanza*, cuando en el mundo histórico circundante donde se halla absorbida la gestante el proyecto cultural-familiar es el tradicional-patriarcal.

5.2. Estado de la cuestión

Las investigaciones sobre fecundidad y embarazo adolescente, tanto de carácter biomédico como social, no son recientes, sino que, por el contrario, sufrieron un gran impulso en los países centrales ya hacia los años setenta del siglo precedente, impulso que llegó a América Latina y el Caribe algunos años más tarde, en la década de los ochenta del mismo siglo (Pantelides, 2014). Ello se debió a una serie de factores –las tasas de fecundidad de las menores de 20 años se consideraban altas, se pensaba que la maternidad temprana supondría un riesgo muy elevado para la vida y la salud de la madre y su hijo, etc.–, que promovieron que a partir de ese momento la producción académica e intelectual sobre este tema haya sido extensa. Sin embargo, cabe destacar que la información que se posee sobre el embarazo es escasa (Pantelides, 2014).

La primera parte de la investigación fue de carácter descriptiva, transversal y se fundamentó en una estrategia metodológica de corte cuantitativo. En tal sentido, la técnica de recolección de datos utilizada fue la encuesta o cuestionario cerrado, la cual fue aplicada entre los meses de marzo y abril del año 2016 a las adolescentes gestantes en el contexto de sus respectivas visitas a diversas instituciones y servicios de salud: Hospital Materno Infantil José Equiza, Hospital Materno Infantil Teresa Luisa Germani, Hospital Municipal del Niño San Justo, Hospital Dr. Alberto Balestrini, Hospital Interzonal Dr. Diego Paroissien y el Hospital Simplemente Evita) ubicados en su totalidad en el Partido de La Matanza, provincia de Buenos Aires. La muestra se realizó a partir de criterios teórico-metodológicos y siguiendo el criterio de relevancia (Glaser y Strauss, 1967), de tal forma que se constituyó por un total de 150 casos (adolescentes) divididos equitativamente en tres estratos conformados por 50 casos cada uno: a) adolescencia temprana (10 a 13 años), b) adolescencia media (14 a 16 años de edad) y c) adolescencia tardía (17 a 19 años de edad). Una vez finalizado la totalidad del trabajo de campo, se procesó toda la información recolectada a través del software informático *OpenSource* GNU PSPP 0.8.4, a partir de técnicas de estadística descriptiva.

Antes de avanzar en el análisis de los resultados de la encuesta, creemos pertinente dar cuenta de forma somera de la situación concreta del embarazo adolescente. Así, la Organización Mundial de la Salud (OMS), define como adolescencia el período de la vida que se extiende entre los 10 y 19 años, etapa en la cual "el individuo adquiere la capacidad reproductiva, transita los patrones psicológicos de la niñez a la adultez y consolida la independencia socioeconómica". Si desde el punto de vista cultural la adolescencia remite a un período caracterizado por "descubrimientos y angustias, pero también grandes preguntas" (Margulis, 2004, p.10), desde el ángulo de la salud, se estima un período libre de problemas endémicos de salud, aunque, ello no debe ocluir que en lo que respecta a los cuidados de la salud reproductiva, el/la adolescente es en muchos aspectos, un caso especial (Pantelides 2014, Proto Gutierrez et al., 2016).

Ahora bien, ¿Cuáles son los factores que conllevan el ejercicio cada vez más temprano de la sexualidad en los/las adolescentes y, en consecuencia, a los embarazos precoces? La bibliografía existente da cuenta de la concurrencia de multicausalidades, de la existencia de factores múltiples que permiten comprender el fenómeno. Así, influyen aspectos macrosociales como los nuevos estilos de vida y los cambios económicos, como también, variables microsociales, tales como el impacto de la presión del grupo, el abuso sexual, la curiosidad, la insuficiente educación sexual institucional, la falta de orientación de padres y madres, la presión simbólica o física de la pareja masculina, patrones culturales de carácter patriarcal, etc. (CEPAL/UNICEF; Infesta Domínguez et al., 2005; Jones, 2010; Pantelides, 2007; Pantelides y Geldstein, 1999).

En lo que respecta a los datos estadísticos del embarazo adolescente obtenidos como objeto de estudio de la salud pública, los mismos permiten trazar un breve panorama que facilita aproximarnos al siguiente escenario mundial. Es en el continente africano donde se presenta la tasa más alta de embarazos adolescentes en el mundo: la cifra alcanza los 143 embarazos por cada 1.000 adolescentes de 15 a 19 años (Treffers, 2003). En el caso de Asia, si bien la situación es heterogénea, en países como Corea del Sur e Indonesia se registran tasas de maternidad adolescente que se extienden en un rango de 4 a 8 casos por cada 1.000 (Proto Gutierrez et al., 2016).

En el caso de Europa, si bien las tasas de embarazo adolescente varían notablemente al interior de cada uno de sus países (a modo de ejemplo, en la región central de Italia la tasa de natalidad adolescente es del 3,3 casos por cada 1.000, mientras que en la región sur la misma es de 10,0 casos por cada 1.000), a partir de los años 70 la tendencia general ilustra una disminución en la tasa global de fecundidad, que se expresa, también, en una merma sostenida en el número de nacimientos entre adolescentes (UNICEF, 2001; Proto Gutierrez et al., 2016).

En lo que respecta a América Latina y el Caribe, se registra la segunda tasa más alta de embarazados adolescentes del mundo, de tal forma que un 38% de las mujeres de la región tienen un embarazo antes de cumplir los 20 años y casi el 20% de nacimientos vivos pertenecen a madres adolescentes (UNICEF, 2014).

En Argentina, según datos publicados por el Ministerio de Salud en el año 2007, un 15,6% de los nacimientos que se produjeron en ese año correspondió a madres adolescentes. Ahora bien, ello no debe ocultar la gran heterogeneidad que existe en lo relativo a la fecundidad adolescente, pues, mientras que en la provincia de Misiones la tasa de fecundidad supera los 100 casos por cada 1.000, en el caso de la Ciudad de Buenos Aires (el distrito más rico del país), la misma es del 6,7%. En lo que respecta a la provincia de Buenos Aires, según datos del informe elaborado conjuntamente por el Ministerio de Salud de la Nación y UNICEF *"Situación de la Salud de los y las adolescentes en la Argentina"*, en el año 2013, la tasa de fecundidad de adolescentes de entre 10 y 14 años era de 1 caso cada 1.000, mientras que la tasa correspondiente a adolescentes de entre 15 a 19 años era de 60,1 por cada 1.000 casos. Cabe destacar que, según se desprende del documento citado, la media en la Argentina, para el rango 10-14 es de 1,9 casos por cada 1.000, mientras que en el rango etario 15-19, la misma es de 64,9 casos cada 1.000.

En el caso del Partido de La Matanza, según palabras del entonces director del Programa Sanitario e Investigación Epidemiológica del Departamento mencionado, el Lic. Andrés Burke Viale, el 25% por ciento de los nacimientos producidos en el año 2011 son embarazos adolescentes (Proto, Gutierrez et al., 2016), cifra que se encuentra muy por encima de la media provincial y nacional y, que, por tanto, fundamentó el desarrollo de la investigación que se presenta como caso de estudio.

5.2.1. Características sociodemográficas del embarazo y la fecundidad adolescente en La Matanza: en primer lugar, se expondrán las características sociodemográficas de la muestra total de mujeres adolescentes encuestadas en la primera parte de esta investigación y a continuación, se expondrán los análisis vinculados a determinadas variables relevantes.

a) En lo que respecta a las edades de las adolescentes encuestadas se seleccionaron 50 casos en cada uno de los rangos etarios, de tal modo que el 33,3% posee entre 10 a 13 años, y el mismo porcentaje de adolescentes encuestadas se ubican en los rangos de 14 a 16 años y de 17 a 19 años.

b) El 44,66% de las mujeres encuestadas se declaró soltera y un 34,66% de novia, pero no conviviente. Conviven con su pareja algo más de un diez por ciento de la muestra: el 11,33%, mientras que el 9,33% manifestó estar separada. Por lo tanto, un porcentaje por demás significativo de las adolescentes encuestadas enfrenta el desafío de ejercer la maternidad como madres solteras.

c) En cuanto al nivel de instrucción alcanzado, un 18% de las adolescentes encuestadas no ha finalizado sus estudios primarios, mientras que un 44,66% afirma no poseer secundario completo. Sí lo ha finalizado un 13,33%. Asimismo, cabe aclarar que ninguna adolescente encuestada inició estudios de educación superior. En lo que atañe a la ayuda económica, el 42% recibe ayuda de los padres, el 6% de parientes, el 22% del padre del niño/niña y solo el 10% recursos de carácter estatal (asignación universal por hijo, etc.). Finalmente, en lo que respecta a su inserción laboral, es relevante destacar que el 36% manifestó su deseo de trabajar luego del embarazo.

Aquí es pertinente subrayar que, dado que el problema a investigar consistió en la caracterización de los contextos socioculturales, hábitos sexuales y cuidados sanitarios de embarazadas adolescentes de 10 a 19 años, el foco de atención se orientó en captar ciertas particularidades de esta población para poder identificar los distintos factores operantes en relación con el embarazo adolescente, obteniendo como producto algunas hipótesis para su futura indagación. Así, el análisis exploratorio de los primeros datos arrojados puede ordenarse esencialmente bajo dos ejes o dilemas principales: economía/cultura y deseo/racionalidad.

5.2.1.1. ¿Economía vs. Cultura? Más allá de las falsas antinomias: el debate acerca de los condicionantes de la acción humana en las ciencias sociales es extenso y abigarrado. Pese a que el mismo aún no ha sido saldado, en nuestros días ha encontrado un eco más que destacado en un conjunto de perspectivas sociológicas que a un tiempo superan la falsa dicotomía holismo vs. individualismo, abandonan toda forma de determinismo como clave explicativa (Dubet, 2015; Bourdieu, 1994). Así, lo afirma uno de ellos "se sabe que si bien las estructuras sociales, las constricciones, los modelos culturales anteceden a la acción y la condicionan, la acción produce, reproduce, crítica y transforma esas estructuras y condiciones" (Dubet, 2015, p.26). Ello también se verifica en el campo de las ciencias de la salud, en el que los marcos explicativos más recientes de las desigualdades en tal materia abjuran de la monocausalidad y construyen modelos explicativos de carácter integral que articulan y sintetizan factores económicos, culturales, sociales, subjetivos, etc. (Bacigalupe de la Hera y Roncero, 2003).

En tal sentido, haciendo foco en los datos obtenidos, los mismos indican que si bien la situación socioeconómica de las adolescentes es un factor sin dudas relevante, el mismo opera de forma concomitante junto a factores de carácter cultural. Si las condiciones materiales de existencia no explican por sí mismas el embarazo adolescente, a ello debe incorporarse el análisis de un conjunto de elementos de impronta cultural, en nuestro caso, abordados desde las variables "Historial de madre adolescente" y "Ayuda económica" como parte de las formas y los estilos de vida de las jóvenes encuestadas. Así, un factor cultural que opera como predisponente es el que hemos denominado como "Historial de madre adolescente".

Los datos indican que la totalidad de las encuestadas ha tenido un antecedente de embarazo adolescente en su entorno próximo. La propia madre en un 52% de los casos, una o más de sus hermanas representa el 26,66%, mientras que las amigas un 18,66% y, por último, las primas con un 6%. Ello, sin duda, es un hecho relevante, dado que incorpora simbólicamente el embarazo adolescente al horizonte de expectativas de las adolescentes, constituyendo parte de la cotidianeidad de estas (con el consiguiente "riesgo" de su naturalización).

Otro factor cultural concomitante, tal como lo ha señalado la bibliografía, es el caso de aquellas adolescentes que se han criado en el marco de modelos familiares conflictivos y fuertemente patriarcales, los cuales inducen a que la adolescente busque reparación afectiva y una forma de obtener seguridad económica y personal en el embarazo precoz. Al respecto deviene relevante analizar los resultados que emergieron bajo la variable "Situación Económica" (Ayuda Económica). Los datos tienden a confirmar las tesis sostenidas por la bibliografía, dado que ilustran que el padre y la madre devienen el mayor sostén económico, además de afectivo, de la gestante. Así, el embarazo puede configurarse como una práctica-refugio (de carácter material, pero también, simbólico), una práctica que aun de forma no deseada, reproduce modelos familiares y cercanos preexistentes, los cuales le asignan a las mujeres un rol tradicional doméstico-reproductivo enmarcado en estructuras patriarcales. En definitiva, el embarazo adolescente encuentra factores determinantes ya no tan solo socioeconómicos, sino también culturales.

5.2.1.2. *Deseo y racionalidad ¿El embarazo como búsqueda?*: uno de los principales aspectos que impulsó la investigación ha sido explorar los motivos del embarazo adolescente. Con tal fin, se indagó en factores estructurales (situación laboral, características del hogar, etc.) pero también en la dimensión subjetiva, más específicamente, en las propias conductas y perspectivas de las adolescentes acerca de su embarazo. En tal sentido, cabe destacar que, en el campo de la salud, una teoría que ha adquirido relevancia ha postulado "que las conductas, incluidas las sexuales, son una consecuencia de los conocimientos, percepciones y actitudes de los sujetos. De acuerdo con los principios del modelo de creencias sobre salud de Becker y Maiman, la conducta individual se ve determinada por la percepción de la propia vulnerabilidad, la gravedad del problema que se enfrenta, la posibilidad de resolverlo, los costos de la prevención y su eficacia y la disponibilidad y calidad de la información con la que se cuenta (Becker y Maiman, 1983)". Este modelo de análisis de la acción o conducta humana ha sido criticado por Edith Pantelides, quien al analizar un conjunto de casos de pacientes con VIH/SIDA, da cuenta que, pese a conocer y ser conscientes de su propia vulnerabilidad ante cierta amenaza, no tomaron recaudos o estrategias de prevención. Esta misma lógica conductual parece estar reproduciéndose en los casos de embarazo adolescente. ¿En qué sentido planteamos esta hipótesis? En el modelo de Becker y Maiman opera una relación mecánica entre conocimientos (información acerca de los métodos anticonceptivos), percepción del riesgo (la posibilidad del embarazo) y conducta (utilización o no de métodos anticonceptivos). Los datos recolectados dan cuenta que las adolescentes tienen información respecto de los métodos de anticoncepción, no obstante, acontece lo señalado por Pantelides, esto es, que pese a tener información, no toman recaudos para prevenir un embarazo a temprana edad.

Asimismo, con respecto a la percepción que las adolescentes tienen de la maternidad y a las mediaciones entre uso de métodos anticonceptivos y percepción de riesgo de embarazo, la propia Pantelides señala que: "…una maternidad temprana puede considerarse un logro personal y ser el resultado de un cálculo perfectamente racional, en el que las consecuencias positivas superan a las negativas, en particular, como se señaló, para las jóvenes de aquellos estratos de la sociedad en las que los proyectos de vida alternativos no tienen posibilidad de realización" (Pantelides, 2014, pp.7-34). En efecto, el embarazo adolescente no debe impulsarnos a leer allí una conducta de tipo irracional, gobernada por la ausencia de información acerca de los métodos de prevención o por la fuerza de los deseos sexuales concupiscentes inmediatos, sino que en un porcentaje muy alto de los casos las adolescentes *esperan* el embarazo como proyecto de vida personal.

En efecto, cuando al consultarles a las adolescentes acerca de su estado emocional en relación con su situación de embarazo, el 43% por ciento de las mismas manifestó estar felices, un 14% alegres, mientras que un 13,33% transmitió que desearía no estar embarazada, no obstante, el estado emocional no retropredice el hecho de que dicho embarazo haya sido esperado.

5.2.1.3. *Conclusiones sobre la primera parte del estudio*: se ha dado cuenta de un breve estado de la cuestión en torno a la situación del embarazo adolescente tanto en el orden global como local, para luego sí, realizar algunos análisis incipientes y con carácter exploratorio a partir de abordar los primeros resultados arrojados por la encuesta intencional desarrollada.

Así, se han destacado dos ideas principales. Por un lado, a partir de los datos obtenidos, sostuvimos el papel relevante -sin por ello menospreciar el papel de otras dimensiones- que poseen determinados factores culturales predisponentes en el embarazo precoz. Así, las representaciones de género y los modelos familiares anclados en roles e improntas patriarcales son algunos de ellos, dado que operan como factores predisponentes y, por tanto, como máquinas simbólicas reproductoras de determinadas conductas y prácticas vinculadas al embarazo adolescente. Modelos que de forma circular son reforzados cuando se produce este último, dado que aun de forma no deseada, el mismo ancla y reproduce modelos familiares y cercanos preexistentes, los cuales le asignan a las mujeres un rol tradicional doméstico-reproductivo. Por el otro, sostenemos que los datos preliminares que hemos obtenido permiten dar cuenta que los modelos racionalistas (de elección racional, por ejemplo) utilizados para comprender las causales del embarazo adolescente pueden chocar y mostrarse insuficientes frente a dos realidades. En cuanto a la primera, cabe destacar que no hay una relación mecánica entre conocimientos, percepción del riesgo y conducta (esa relación se encuentra mediada por dimensiones como el poder, lo afectivo, etc.). Y, en lo que refiere a la segunda, hemos sostenido que el embarazo adolescente en un porcentaje muy alto de los casos no es consecuencia de una acción irracional sino fruto del deseo de la futura madre que se enmarca en su proyecto de vida personal.

5.3. Fenomenología existencial de la fecundidad y el embarazo adolescente en La Matanza

La segunda parte del estudio que se ha realizado tuvo como objeto indagar acerca del sentido de la fecundidad en la temprana edad y el mundo circundante de la gestante, desde la perspectiva de la fenomenología existencial del filósofo Martin Heidegger. El estudio fue cualitativo, con entrevistas en profundidad realizadas a 6 adolescentes gestantes de 10 a 19 años, así como a 6 mujeres mayores de 24 años que hubieran sido madres en la temprana edad y a las cuales se accedió por medio de un muestreo no probabilístico en cadena.

5.3.1. *Mundo circundante de la gestante adolescente, en relación con el proyecto existencial posible y la experiencia subjetiva vivida*: el mundo circundante de las adolescentes embarazadas, comprendido éste como el conglomerado en el que acontece la trama pragmático-significativa que da sentido al "ser-en" del *Dasein* estudiado, supone los factores culturales predisponentes en el embarazo precoz: las representaciones de género y los modelos familiares anclados en roles e improntas patriarcales son algunos de ellos, dado que operan como factores predisponentes y, por tanto, como máquinas simbólicas reproductoras de determinadas conductas y prácticas vinculadas al embarazo adolescente. Se trata de modelos que, de forma circular, son reforzados cuando se produce este último, dado que, aun de forma no deseada, el mismo reproduce modelos familiares y cercanos preexistentes, los cuales le asignan a las mujeres un rol tradicional doméstico-reproductivo.

El mundo circundante de la adolescente es significado por una primaria asignación cultural de roles fundados en funciones sexuales, de tal que el embarazo a temprana edad –lejos de comprenderse en términos causales como determinado por la cultura–, se despliega en cambio como un hábito que se sucede por la auto-implicación pre-temática de la adolescente en una trama estructural-significativa en la que su embarazo "se da" (funciona) como parte de un proyecto de vida colectivo. Ello se muestra en el modo de sostenimiento socioeconómico de las adolescentes, las que careciendo de un espacio físico tangible de co-habitación a fin de formar una nueva familia, permanecen con su hijo/a bajo el cuidado en el hogar materno/paterno. Por tanto, la situación de vulnerabilidad material en la que acontece el embarazo es mitigada por el recibimiento comunitario de la adolescente que acoge distintas formas de ayuda social, procedente de diferentes agentes/actores.

La sostenibilidad social de la adolescente es coincidente con una transformación del espacio físico en el que convive, debido a que los útiles disponibles se encuentran en su mayor parte reunidos en torno a garantizar el cuidado de la adolescente y del niño/a (lo que llamaremos "dispositivo de protección"). Sin embargo, si el embarazo es habitual en su mundo circundante, no acontece una resignificación de los útiles, esto es, los entes co-a-la-mano que se presentan no le son extraños a la adolescente, dado que ellos son en cierta forma re-situados: la pre-existencia de otros embarazos hace que se dé un intercambio respeccional de útiles, sumado a ello el que adquirir otros nuevos no es a veces necesario y otras veces no es económicamente posible. Así es que la auto-implicación pre-temática de la adolescente en una trama donde el embarazo es parte ya de un proyecto colectivo, supone que cuando sucede éste las remisiones significativas de los útiles activan la circularidad repetitiva de un mecanismo que apela a garantizar el sostenimiento social en el cuidado de la adolescente y del hijo/a. Por ejemplo, la entrevistada "R" afirma: "Hasta hace un tiempo estaba rodeada de ositos y muñecos y ahora voy a tener un bebé de verdad".

Si en los términos sociológicos con los que se interpretaban los factores predisponentes al embarazo adolescente se reafirmaba la circularidad operativa de aplicación de un modelo cultural patriarcalista, en términos fenomenológicos, el embarazo re-activa la remisión circular de los útiles disponibles co-a-la-mano para el sostenimiento social de la adolescente: en la cultura patriarcal, los útiles ya están disponibles para remitirse, circularmente, al cuidado que reafirme el rol reproductivo-doméstico de la mujer: la entrevistada "X" sostiene que: "Yo de chica jugaba a la cocinita"; la entrevistada "Z": "A mí me ayudaron amigas que me dieron el cochecito y mis primas que tenían ropa de bebé".

Con la aparición en el horizonte de sentido del mundo de la adolescente de útiles re-situados, otros desaparecen o se muestran ahora en forma intermitente: aquellos relacionados con el mundo escolar y/o el laboral. "R" afirma: "Y sí, tuve que dejar de estudiar". La situación no es sin embargo homogénea, pues hay también en los que el sostenimiento social es fragmentario, más no hay casos en los que éste no se dé por completo (aun cuando el mundo familiar circundante no construye un dispositivo de protección, otros actores institucionales o gubernamentales lo hacen directa o indirectamente). La fortaleza del "dispositivo de protección" no es, sin embargo, condición de posibilidad para que la adolescente se reintegre a actividades escolares, siendo a su vez que su aplicación total o fragmentaria depende de la percepción que de sí misma hace la adolescente o que otros realizan sobre el modo de existencia auténtico/inauténtico en-el-mundo.

De esta suerte, el embarazo supone que la adolescente compartirá con su hijo/a *útiles* que ella estaba en tránsito de abandonar: el imaginario infantil es ahora trasladado al cuidado del niño/a mientras que en ella irrumpe la obligación de transformarse en madre, esto es, de hacer uso de los *útiles* que el "dispositivo de protección" le ha dado. Ello provoca una con-fusión de mundos, esto es, entre el mundo adulto, adolescente e infantil, que reafirma el rol reproductivo-doméstico de la mujer y el carácter circular, no sólo de los factores culturales predisponentes, sino también de las remisiones significativas de *útiles* disponibles para forjar sistemas de protección: la madre adolescente, desaparecido (temporalmente o no) un proyecto profesionalizante, ocupa el rol materno de acuerdo con una trama de significados y de útiles que repiten las representaciones del mundo infantil; en este sentido, el embarazo adolescente no inaugura una nueva dimensión historizante-temporal ni un espacio otro. Hay, por el contrario, una replicación del mundo circundante en el que la adolescente asume el rol de madre como condición social de afirmación del patrón de repetición que, pese a ser percibido por la adolescente como un acto de ruptura, apela sin embargo a criterios de imitación conductual de roles femeninos pre-dados. Afirma "R": "Yo necesité del apoyo de mi mamá al principio, porque era muy difícil y había muchas cosas que no sabía hacer. Después me vi haciendo lo mismo que hacía ella y entonces me sentí más segura de que estaba haciendo las cosas bien para mi bebé".

Por lo tanto, en un mundo circundante caracterizado por la inscripción de patrones sociales patriarcalistas el embarazo adolescente supone una redirección remisional-respectiva de útiles que forjan un "dispositivo de protección" a fin de re-afirmar la circurcularidad a-temporal y a-espacial del rol reproductivo-doméstico de la mujer, con lo que, la institución de dicho dispositivo depende de la percepción que de sí misma y los otros realizan sobre el modo auténtico o inauténtico de estar-embarazada a temprana edad.

5.3.2. *Plexo anímico (Befindlichkeit) de la gestante adolescente*: una vez que se ha indagado y revelado la estructura de relaciones constitutiva de la trama pragmático-significativa de útiles y el modo de ser del *Dasein* familiarizado con el mundo co-a-la-mano, es preciso delimitar el *estado anímico* de la adolescente embarazada en tanto plexo que describe la estructura fundamental del *modo de estar del Dasein en-el-mundo*. En este sentido, Heidegger evita una comprensión temática objetivante de los estados de ánimo –tal como lo hace con el fenómeno del cuidado–, en orden a des-vincularlos de una descripción psico-patológico y con orientación a una analítica existencial ontológica que muestre que el ser o *estar-en-el-mundo* del *Dasein* se da de un modo particular, que acompaña el encontrase afectivo en el pre-comprender familiarizado que proyecta al ser-ahí a distintas posibilidades. Por esto, el *Dasein* es un ser de posibilidades como comprensión existencial de un pro-yecto que hace al ser-ahí *estar-en-el mundo* co-implicado en el tiempo.

El autor utiliza el término "posibilidad" en un sentido específico: no se trata de la posibilidad lógica vacía, es decir, de ninguna contradicción discursiva o de la contingencia propia de algo ocurrente. De acuerdo con Heidegger el *Dasein* se halla pro-yectado en un mundo de posibilidades como un "poder-ser" que determina la condición existencial del *ser-ahí* por las decisiones realizadas. Por tanto, uno de los rasgos distintivos del análisis del *Dasein* es la prioridad ontológica concedida a los modos no cognitivos de estar-en-el-mundo. Los estados intencionales de proposiciones que la tradición filosófica ha visto como constitutiva del ser-ahí son, en el análisis de Heidegger, fenómenos derivados: "El conocimiento mismo se funda de antemano en un ya-estar-en-medio-del-mundo, que constituye esencialmente el ser del *Dasein*. Este ya-estar-en-medio-de no es un mero quedarse boquiabierto mirando un ente que no hiciera más que estar presente. El estar-en-el-mundo como ocupación está absorto en el mundo del que se ocupa" (Heidegger, STR, §13)

De este modo, el Dasein es atravesado por la posibilidad de distintos estados afectivos o plexos anímicos, entre los que la angustia se muestra como uno de los constitutivos de la existencia, en cuanto el *Dasein* se encuentra pro-yectado en sus posibilidades hacia ella; la muerte significa que será imposible, en cierto momento, continuar con el modo familiar de estar-en-el-mundo, en el modo de no-estar-más-en-el-mundo:

> La muerte es una posibilidad de ser de la que el *Dasein* mismo tiene que hacerse cargo cada vez. En la muerte, el *Dasein* mismo, en su poder-ser más propio, es inminente para sí. En esta posibilidad al *Dasein* le va radicalmente su estar-en-el- mundo. Su muerte es la posibilidad del no-poder-existir-más. Cuando el *Dasein* es inminente para sí como esta posibilidad de sí mismo, queda enteramente remitido a su poder-ser más propio. Siendo de esta manera inminente para sí, quedan desata- dos en él todos los respectos a otro *Dasein*. Esta posibilidad más propia e irrespectiva es, al mismo tiempo, la posibilidad extrema. En cuanto poder-ser, el *Dasein* es incapaz de superar la posibilidad de la muerte. La muerte es la posibilidad de la radical imposibilidad de existir [Daseinsunmöglichkeit]. La muerte se revela así como la posibilidad

más propia, irrespectiva e insuperable. Como tal, ella es una inminencia sobresaliente (Heidegger, STR, §50)

La inminencia de la muerte como revelación insuperable no se manifiesta en el orden empírico, sino en el orden interrogativo del *Dasein* que se experimenta como finito y temporal. El ser-ahí puede disponerse de distintos modos a fin de hacer frente a la muerte, a saber, huyendo de ella mediante la absorción del sí mismo en el mundo de la preocupación, sometiéndose al orden de lo público y urgente o no pensando en ello. Así es que: "La condición de arrojado en la muerte se le hace patente en la forma más originaria y penetrante en la disposición afectiva de la angustia. La angustia ante la muerte es angustia "ante" el más propio, irrespectivo e insuperable poder-ser. El "ante qué" de esta angustia es el estar-en-el-mundo mismo. El "por qué" de esta angustia es el poder-ser radical del Dasein" (Heidegger, STR, §50).

El embarazo adolescente se muestra, en estos casos, como un fenómeno similar a la muerte –en los términos heideggerianos–, en cuanto imposibilita a la adolescente pensar y realizar un pro-yecto futuro fundado en el estado de abierto, como "poder-ser" del *Dasein*, hecho que genera angustia:

> El sentirse embarazada, es muy difícil para la adolescente, pues pasa de un momento a otro a desempeñar un rol, para lo cual no estaba preparada, inclusive sin haber cumplido los ritos de paso. Por lo cual, no es raro, que la vivencia del embarazo para la joven venga acompañada de una gran demanda de apoyo emocional. Así mismo, los cambios significativos de la adolescente en interacción con el padre del bebe o con la familia, favorecen el aparecimiento de sentimientos de culpa, vergüenza, indecisión debido a la supuesta desobediencia a las normas sociales, lo que produce efectos tanto en la relación de aceptación del bebe, como en la decisión para el aborto.Otra situación discutida por los autores(2) es que la adolescente embarazada esta potencialmente destinada a conflictos durante el resto de su vida escolar, una vez que, por sentirse discriminada por sus compañeros y profesores, acaban por escapar del colegio. (Bessa Jorge, 2006, p.2)

En el estudio *La fenomenología existencial como posibilidad de comprensión de las vivencias del embarazo en adolescentes* de Bessa Jorge et al., (2006), se utiliza el marco teórico heideggeriano con el objetivo de interpretar el estado emocional de las adolescentes. En este sentido, se señala el estado de *caída* en la impersonalidad del "*Das Man*", como una forma de vivencia inauténtica del embarazo en el que la adolescente percibe extrañeza y contrariedad, en cuanto que sus impresiones se hallan atravesadas por la percepción ajena respecto del carácter moral del embarazo, y su propia *impresión* al respecto. De esta suerte es que, en el modo de existencia inauténtica la adolescente queda a la merced de la presencia de otro que ejerce influencia y habla por ella, en el modo de un "ser-co"n que sindica la co-presencia de un mundo circundante compartido. Así es que la adolescente se siente sola o con extrañeza, como un modo deficiente del "ser-con", que es acompañado por una *culpa* que, en ciertos casos, deviene en intentos abortivos como una forma de fuga frente a la *impresión* del embarazo como el fin de toda posibilidad de proyección existencial. En este sentido, la entrevistada "R" afirma:

> "Cuando me enteré de que estaba embarazada tenía 16 años y yo decía que era imposible, que no podía ser. Pero mi mamá me dijo que ya estaba embarazada". "Z": "Se me vinieron muchas cosas a la cabeza ¿Qué iba a ser con 14 años siendo madre?"; "T": "Yo no tuve apoyo ni de mi mamá ni de mis hermanas, porque me juzgaban de que cómo era que me había embarazado. Sólo me ayudaron mis amigas"; "X" Yo era muy chiquilina. Miraba dibujitos en la televisión y de un día para el otro tuve que aprender a hacer una mamadera". "Y": Cuando no me vino yo me repetía que me iba a venir porque me decía ¡No puede ser que esté embarazada! Mi mamá me compró el *evatest* y cuando dió positivo yo empecé a llorar porque le decía a mi mamá que era imposible, que no podía ser". "R": "Yo me sentí *shockeada*; enterarme tan rápido y que mi vida normal, el colegio, todo lo que hacía ya no lo iba a poder hacer". "Z": "Yo sabía que no me había cuidado y cuando no me vino, me empecé a preocupar. Me hice como tres test que dieron positivo porque no lo podía creer".

Pese a que se ha formulado que el embarazo adolescente acontece en un mundo circundante caracterizado por la inscripción de patrones sociales patriarcalistas en los que hay una redirección remisional-respectiva de útiles que forjan un "dispositivo de protección" a fin de re-afirmar la circurcularidad a-temporal y a-espacial del rol reproductivo-doméstico de la mujer, la institución de dicho dispositivo depende de la percepción que de sí misma y los otros realizan sobre el modo auténtico o inauténtico de estar-embarazada a temprana edad. De esta suerte, la familiaridad pre-temática y experiencial del embarazo a temprana edad culturalmente dado en el mundo circundante no exime a la adolescente de negar o no aceptar el mismo, pues, el embarazo irrumpe *como rotura de la cotidianidad que circunda desde lo más íntimo a la adolescente*. Así, a pesar de ser habitual en su mundo circundante, la aceptación y/o rechazo del embarazo depende de la mirada del otro y, especialmente, de la madre como principal soporte, ya que funciona como condición de posibilidad para instituir el "dispositivo de protección", más hasta que ello no sucede el embarazo es vivenciado como *caída*. "R" explica: "Al principio fue una lucha y la única ayuda con la que contaba era con la de mi vieja". Frente a la "caída", es demandada la figura materna como soporte que instituya el dispositivo de protección. "X" afirma: "El bebé era como un juguete al principio. Tenía miedo de que se me pudiera romper" "Z": "Yo hace un tiempito usaba la ropa de bebé para las muñecas, así que para mí es como para un muñeco".

La re-situación de los útiles adecuados al recibimiento del niño/a abren a la adolescente a la angustia por la con-fusión del mundo infantil con su propio mundo transitivo-adolescente: el embarazo genera "angustia", "pavor", "temor" o "terror" Pero, en la medida en que la función materna demandada por la adolescente contribuye a instituir el dispositivo de protección, el estado anímico se modifica. "Z": "Me hicieron escuchar los latidos, pero no quería saber nada de nada. Me decían que estaba de 23 semanas, que ya era un bebé. Cuando me empezaron a dar cositas de bebé le empecé a tomar más cariño a la panza". Luego, el rechazo lindante con la decisión de practicar un aborto es, en los casos estudiados, interdependiente respecto del "dispositivo de protección" que la cultura patriarcal ofrece; cuando éste es fragmentario o débil, el terror frente a la noticia del embarazo y la angustia durante la gestación depende de la mirada del otro: "N": "Yo recuerdo haber sido madre muy joven y en ese momento es muy feo; a mí lo que me daba mucha bronca era la gente, que reaccionaba mal y me miraban mucho".

En Heidegger, el temor es un modo de disposición que genera el estado de abierto del *Dasein* en su "poder-ser", esto es, en sus posibilidades, manifestándose el pavor, el horror y el terror como una de ellas. Así es que el temor acontece frente a una amenaza que se orienta hacia todo aquello que es familiar –en el modo de ocupación y/o cuidado– de la adolescente; el pavor es percibido frente a lo que esencialmente es conocido y familiar, mientras que el temor puede devenir en terror, cuando lo que amenaza no es familiar. Frente al parto, la adolescente vivencia un pavor del temor, por efecto de la murmuración o habladuría –en el modo de ser inauténtico del "ser-con"–, acerca de qué es lo que implica el momento del parto y post-parto.

Por otro lado, la amenaza consistente en la transfiguración desde un familiar ser-en-el-mundo a un ser-madre en un contexto cotidiano no familiar genera angustia, por la inexperiencia manifiesta respecto del sentimiento de maternidad, aunque ello es mitigado en el momento en que la adolescente entra en relación habitual con los útiles re-situados que la cultura patriarcal ofrece. En el estudio *Vivencia de la gestante adolescente en la perspectiva fenomenológica de Heidegger* de Reyes Narváez et al., (2013), se explicita que:

> El embarazo en las adolescentes, en su mayoría, se inicia no muy auspiciosamente; su incursión en el mundo de ser madres es muy rápida. Perciben el embarazo como algo oscuro, árido y horrible, sienten amargura, tienen angustia porque están expuestas y sin apoyo de su entorno más cercano porque sienten el rechazo de sus padres. El sentirse embarazada es muy difícil para la adolescente, pues pasa de un

momento a otro a desempeñar un rol para el cual no estaba preparada, inclusive sin haber cumplido su etapa como adolescente. (Reyez Narváez, 2013, p.118)

Los autores señalan también el estado de *caída* de la adolescente embarazada en el estado de inautenticidad, en cuanto arrojada al mundo, dado que ellas mismas no se perciben como madres, en un estado en el que el embarazo se muestra como la imposibilidad más eminente de no-ser-en-el mundo –o no continuar-siendo–, en el modo familiar del trato-con los útiles y en la co-presencia de los otros. Es en este sentido que la adolescente se pre-ocupa en los términos de la anticipación que caracteriza al "cuidado" heideggeriano: se pre-ocupa frente a la amenaza de otro modo de ser y a la radical inexperiencia respecto del ser-madre.

Por otro lado, en el estudio *Motivaciones para el embarazo adolescente* de Carmen Álvarez Nieto et al., (2012), realizado desde una perspectiva metodológica fenomenológica, los autores entienden que las jóvenes son conscientes de la responsabilidad que concita el ser madres, pero subrayan el deseo de contar-con el cuidado de su pareja o de su madre en la crianza del niño/a. Asimismo, "En sus planes de futuro incluyen una vida marcada por su experiencia familiar y su socialización de género, acudiendo a la historia de vida de la madre como la ideal; convivir con su pareja, casarse en el momento oportuno, cuidar de sus hijos/as y ser felices. El matrimonio se plantea como una meta no impuesta a medio o largo plazo. Sin embargo, la convivencia sí parece impuesta y sería el paso previo a la unión legal" (Álvarez Nieto, 2012, p.26). Desde esta perspectiva, el primigenio estado de terror o pavor que produce la noticia del embarazo es reducido por la inserción de la adolescente en la lógica patriarcal que supone la institución de un dispositivo de protección en el que la existencia adquiere un sentido pre-dado por efecto de la asignación de roles sociales sexualmente definidos; en tanto la adolescente embarazada es pro-yectada en el circular modelo patriarcal donde se inscribe una trama pragmático-significativa re-situada, es entonces que la gestación y la maternidad son vivenciadas con felicidad y alegría: "M" afirma: "Yo me enteré de que estaba embarazada porque estaba en mi casa y me vi leche que salía del pecho y no quería que mi mamá me viera (...) Cuando se enteró me quería y, después de varios días, nadie me hablaba en mi casa matar, me empezó a decir de todo, que como le podía haber hecho eso a ella". "T": "Yo le iba a decir a mi mamá cuando tuviera más panza porque tenía miedo de que me retara, de que me dijera algo o me echara de mi casa".

La madre de la adolescente es central en la transición desde lo no-familiar de la crianza a lo familiar del ejercicio de la maternidad; en este sentido, la madre opera en la iniciación de la adolescente, aceptándola y posicionándose como modelo a imitar (véase Apéndice). Así, es posible interpretar con Pantélides (2004) que:

> En último término, nuestras sociedades otorgan un valor superior al matrimonio y la maternidad como proyecto de vida. En ese marco, una maternidad temprana puede considerarse un logro personal y ser el resultado de un cálculo perfectamente racional, en el que las consecuencias positivas superan a las negativas, en particular, como se señaló, para las jóvenes de aquellos estratos de la sociedad en las que los proyectos de vida alternativos no tienen posibilidad de realización (Pantelides, 2004, p.27).

De esta manera, las adolescentes visualizan en la maternidad un cálculo económico positivo en los términos de su pro-yecto existencial, como correlato de un mundo circundante en el que el embarazo precoz es un modo de ser ya no amenazante, sino un modo de estar-en-el-mundo y "ser-con" los otros, de tal que la adolescente se halla *familiarizada* con la posibilidad de un proyecto de vida en el que la maternidad temprana es tradicional. La fecundidad temprana se manifiesta en tanto dispositivo de reproducción y feminización de la pobreza que co-implica al embarazo como un estado *esperado* a fin de consumar un proyecto existencial pre-dado en el orden cultural. Así es que:

Cuando las adolescentes reflexionan sobre el embarazo y el modo de ser madres, hacen un análisis de las pérdidas y las ganancias. Destacan situaciones nuevas e importantes y van "apropiándose" de esta nueva condición, trayéndola para sí, comenzando a pensar en el modo de ser madre, en el modo de ser adolescente, en el modo de ser mujer, en el modo de ser hija casada. Esta apropiación se da llevando en consideración las variadas posibilidades de apertura para la joven en el mundo" (Bessa Jorge, 2006, p.7).

5.3.2. *Las prácticas de cuidado y auto-cuidado (Sorge) como formas de anticipación en el estado de abierto del ser-en-el-mundo (En-der-Welt-sein) como estar-embarazada*: los datos obtenidos en la primera parte de este estudio permiten dar cuenta que los modelos racionalistas (de elección racional, por ejemplo) utilizados para comprender las causales del embarazo adolescente pueden chocar y mostrarse insuficientes frente a dos realidades. En cuanto a la primera, cabe destacar que no hay una relación mecánica entre conocimientos, percepción del riesgo y conducta (esa relación se encuentra mediada por dimensiones como el poder, lo afectivo, etc.). Y, en lo que refiere a la segunda, puede sostenerse que el embarazo adolescente en un porcentaje muy alto de los casos no es consecuencia de una acción irracional, sino fruto de una expectativa de la futura madre que se enmarca en su proyecto de vida patriarcal.

La insuficiencia de un modelo de elección racional que explique porqué, pese a tener acceso a conocimiento e información sobre métodos anticonceptivos hay no obstante embarazo adolescente, se interpreta por medio de un marco teórico fenomenológico que sitúa la experiencia pre-temática de la adolescente en un mundo circundante en el que una trama pragmático-significativa patriarcal exhibe al embarazo como un proyecto en el que el "poder-ser" del *Dasein* puede desplegarse.

En Heidegger el vocablo "*Sorge*" puede traducirse como "cuidado" o "preocupación", mientras que algunos autores apuestan al término "cura": el cuidado es un existenciario del Dasein debatido entonces como una dimensión ontológica que supone una comprensión pre-ontológica, producto del estado de abierto del ser-ahí, en su ser-con los otros. El cuidado no caracteriza, por ejemplo, tan sólo a la existencialidad, separada de la facticidad y de la *caída*, sino que abarca la unidad de todas estas determinaciones de ser. Por consiguiente, *cuidado* tampoco quiere significar primaria y exclusivamente el comportamiento del yo respecto de sí mismo, tomado en forma aislada. La expresión "cuidado de sí" ["*Selbstsorge*"], por analogía con *Besorgen* [ocupación, e.d. cuidado de las cosas] y Fürsorge [solicitud, e.d cuidado por los otros], sería una tautología. Cuidado no puede referirse a un particular comportamiento respecto de sí mismo, puesto que este comportamiento ya está ontológicamente designado en el anticiparse-a-sí; ahora bien, en esta determinación quedan también incluidos los otros dos momentos estructurales del cuidado: el ya- estar-en y el estar-en-medio-de.

> "R": afirma: "En mi primera vez me cuidé, pero después no, mucho más no". "T": "No me preocupaba mucho por saber cómo cuidarme"; "N": "Mi mamá me hablaba de como cuidarme, pero no mucho; me explicaba cómo usar el preservativo"; "X": "Mi mamá me explicaba porque tenía miedo de que pase lo que pasó ¿No?; "M": "Yo sabía que te podías cuidar usando preservativos y todo eso, pero de que existían pastillas, por ejemplo, eso no lo sabía, hasta que lo tuve a L".

El cuidado no se reduce a un impulso –impulso de vivir, a un querer o a una vivencia–, sino que las vivencias tienen su origen en el cuidado. De aquí que el cuidado esté vinculado a un pre-se-ser (*sich-vorweg-sein*) de la existencia, cuyo ser siempre está en juego, e implica un anticiparse sobre sí mismo, vinculado ello con el proyectarse (*Entwurf*) o el poder-ser (*Sein-können*) constitutivo del *Dasein*. De acuerdo con las entrevistas realizadas, las adolescentes poseían información, pero no hubo un ejercicio racional de la decisión sobre cuidarse frente al riesgo probable del embarazo. En este sentido, el embarazo a temprana edad como hecho social que reproduce un proyecto colectivo de vida patriarcal tampoco da cuenta, completamente, de las razones por las cuales se omite el uso de anticonceptivo. No obstante, en términos heideggerianos, si el cuidado se inscribe en el modo de anticipación existencial del "poder-ser" que se proyecta en el tiempo, es posible interpretar que el embarazo no es, en este escenario, considerado como un "riesgo", pese a que éste genera, cuando sucede, angustia, temor y pavor.

La dimensión del cuidado es interdependiente al existenciario "ser-con" por el que Heidegger indaga sobre quién es el que está-con el *Dasein* en su cotidianeidad y rechaza el término cartesiano de "cosa" (*das Ding*), concebida como una sustancia, ya que una vez más, esto consistiría en pensar al *Dasein* como un ser-presente-a-la-mano. Pues, el *Dasein* se encuentra en un mundo en el que son asignados y presentes en co-habitabilidad, útiles y otros *Dasein*:

El cuidado de la adolescente se proyecta temporalmente hacia el futuro conjuntamente con el existenciario "ser-con", que concilia la familiaridad por la cual un embarazo no en interpretado como un riesgo o se muestra como imposible. Luego, el cuidado de la adolescente es "cuidado-con", de tal que el uso o no de anticonceptivos depende integralmente del tipo de relación que mantiene la adolescente con su pareja, siendo este dato excesivo para las posibilidades del estudio que se presenta, lo que abre paso a posibles indagaciones referidas al uso de anticonceptivos por parte de parejas adolescentes y a situaciones de violencia, por abuso sexual, en el marco de relaciones asimétricas de poder.

Lo cierto es que, desde la perspectiva epistemológica que se ha escogido, la adolescente transita desde un estado de descuido compartido a la demanda por la institución de un "dispositivo de protección" que tiene en la figura materna a su figura principal. Ello es coincidente con respecto a las conclusiones de la primera parte del estudio realizado, en el que se describía el modo por el que, tal como lo ha señalado la bibliografía, aquellas adolescentes que se han criado en el marco de modelos familiares conflictivos y fuertemente patriarcales, inducen a que la adolescente busque reparación afectiva y una forma de obtener seguridad económica y personal en el embarazo precoz. Los datos tienden a confirmar las tesis sostenidas por la bibliografía, dado que ilustran que el padre y la madre devienen en el mayor sostén económico, además de afectivo, de la gestante.

Así, el embarazo puede configurarse como una práctica-refugio (de carácter material, pero también, simbólico), una práctica que aun de forma no deseada, reproduce modelos familiares y cercanos preexistentes, los cuales le asignan a las mujeres un rol tradicional doméstico-reproductivo enmarcado en estructuras patriarcales. De esta manera, el "descuido" compartido de la adolescente (excluyendo aquí posibles casos de violencia sexual en los que es el hombre el que decide o no utilizar anticonceptivos, lo que debiera ser leído a partir de otro marco teórico), expone una situación de desamparo existencial que es re-emplazado por la institución de un dispositivo total o fragmentario de protección que colectiviza el cuidado y da sentido al embarazo como un modo de pro-yecto que arroja a la adolescente ya no hacia el futuro, sino al tiempo circular que exige imitar la narrativa del ejemplo materno como ritual de iniciación que permite aprender la función doméstico-reproductiva.

Si en la trama pragmático-significativa del mundo circundante de la adolescente embarazada desaparecen los útiles relacionados con escenarios educativos y laborales, esto es porque la remisionalidad de los útiles re-situados del modelo patriarcal se encuentran operativos en la modalidad del otorgar cuidado y sentido a un proyecto existencial culturalmente pre-dado. Tan pronto la adolescente es arrojada al pro-yecto circular patriarcalista, el embarazo se torna *esperado*, pues la *caída* ha sido restituida por la mirada de los otros que la acogen.

5.3.3. El presente estudio de casos tuvo como objeto indagar acerca del sentido de la fecundidad en la temprana edad y el mundo circundante de la gestante, desde la perspectiva de la fenomenología existencial del filósofo Martin Heidegger. Con base en el marco teórico fenomenológico existencial que interpreta el sentido del embarazo en la temprana edad y mundo circundante de la gestante, se

utilizó la "epokhé" como re-conducción de la mirada en torno a la experiencia vivida de la embarazada adolescente, en relación con:
a) El estado de abierto del *Dasein*, en su dimensión de: "Ser-en" y "ser-con", familiarizado con el mundo circundante de la adolescente.
b) Las formas de cuidado (anticipación) y auto-cuidado.
c) La vivencia auténtica o inauténtica del embarazo y 4. La disposición afectiva que atraviesa la modalidad de la experiencia subjetiva vivida.

De esta manera, se formuló el supuesto metodológico por el que, de acuerdo con la pre-comprensión pre-temática de la adolescente en el mundo circundante de La Matanza, el sentido del embarazo había de ser significado como una vivencia *esperada*, dado el rol reproductivo-doméstico predisponente por el modelo sociocultural patriarcal implícito. Así es que se consideró la posición de Edith Pantelides (2004) en relación con el proyecto existencial escogido por las adolescentes, en rigor:

> Estos se clasificaron en "tradicionales", cuando las respuestas de las encuestadas sobre cómo imaginan su futuro a los 25 años se orientaban a la vida reproductiva (matrimonio, hijos) o carecían de proyectos, y "modernos", cuando se referían a estudios universitarios y al trabajo en el caso de las mujeres (Pantelides, 2004, p.25).

Desde la perspectiva filosófica de Martin Heidegger, la fenomenología hermenéutica tiene como tarea dilucidar el significado subjetivo de una experiencia inserta en el marco de un círculo hermenéutico, de lo cual se infiere que no es posible una revelación de la relación causal de la naturaleza de los fenómenos independientemente de la experiencia humana que los torna significativos. Así es que, en conformidad con las entrevistas realizadas se ha interpretado que:
a) *Mundo circundante/mundaneidad*: la adolescente experiencia el mundo por la inter-vinculación inseparable entre la

consciencia subjetiva y la pre-comprensión a-temática de ese mundo. La mundaneidad del *Dasein* en estado de abierto, el *En-der-Welt-sein* del estar-embarazada de la adolescente acontece en un mundo circundante caracterizado por la inscripción de patrones sociales patriarcalistas, el cual supone una redirección remisional-respectiva de útiles que forjan un "dispositivo de protección" a fin de re-afirmar la circurcularidad a-temporal y a-espacial del rol reproductivo-doméstico de la mujer, siendo además que la institución de dicho dispositivo depende de la percepción que de sí misma y los otros realizan sobre el modo auténtico o inauténtico de estar-embarazada a temprana edad.

b) *Plexo anímico*: la familiaridad pre-temática y experiencial del embarazo a temprana edad como culturalmente dado en el mundo circundante no exime a la adolescente de negar el mismo, pues, el embarazo irrumpe como rotura de la cotidianidad que la circunda e *impresiona* desde lo más íntimo. Así, a pesar de ser habitual en su mundo circundante, la aceptación y/o rechazo del embarazo depende de la mirada del otro y, especialmente, de la madre como principal soporte, ya que funciona como condición de posibilidad para instituir el "dispositivo de protección"; en tanto la adolescente embarazada es pro-yectada en el circular modelo patriarcal donde se inscribe una trama pragmático-significativa re-situada, es entonces que la gestación y la maternidad son vivenciadas con *esperanza*; en cambio, cuando el "dispositivo de protección" no se instituye, esto es, cuando la mirada familiar del otro no re-establece en la autenticidad el proyecto existencial de la ahora madre adolescente, el embarazo se vivencia con angustia.

c) En consideración de las formas de *Sorge* (Cuidado), éste consiste en el modo de estar abierto del *Dasein* en su ser-con la pre-sencia de los otros. El cuidado signa no sólo un modo de ser-en-el-mundo, sino también de estar vinculado con otros, siendo co-partícipe del mundo de la vida. Luego, si se considera insuficiente un modelo de elección racional que explique porqué, pese a tener acceso a conocimiento e información sobre métodos anticonceptivos hay no obstante embarazo adolescente, se interpreta, por medio de un marco teórico fenomenológico, el cuidado de la adolescente en su pro-yección temporal hacia el futuro juntamente con el existenciario "ser-con". Así, el cuidado de la adolescente es cuidado-con, de tal que el uso o no de anticonceptivos depende del tipo de relación que mantiene la adolescente con su pareja sexual.

d) *Autenticidad*: ser en estado de auténtico implica para Heidegger dar una respuesta significativa propia frente al llamamiento de la presencia de otro ser-ahí, en tanto éste no se encuentra aislado del mundo, sino absorbido por él. Pues, el objeto de la fenomenología hermenéutica es posibilitar al *Dasein* revelar e interpretarse a sí mismo, de un modo contrario al hecho por el que el *Dasein* puede ser también interpretado por los otros, en un modo-de-ser inauténtico. En este sentido, la madre de la adolescente es central en la transición desde lo no-familiar de la crianza a lo familiar del ejercicio de la maternidad, operando en la iniciación de la adolescente, aceptándola y posicionándose como modelo a imitar. Si en la trama pragmático-significativa del mundo circundante de la adolescente embarazada desaparecen los útiles relacionados con escenarios educativos y laborales, esto es porque la remisionalidad de los útiles re-situados del modelo patriarcal se encuentran operativos en la modalidad del otorgar cuidado y sentido a un proyecto existencial culturalmente pre-dado. Tan pronto la adolescente es arrojada al pro-yecto circular patriarcalista, el embarazo se torna deseado, pues la caída ha sido restituida por la mirada de los otros que la acogen.

En síntesis, las entrevistas realizadas permiten interpretar que: 1. La madre cumplimenta un rol fundamental en la mediación que supone 2. el tránsito de la adolescente desde lo no familiar del embarazo que provoca extrañeza, desamparo y angustia, instituyendo 3. un dispositivo de cuidado colectivo inscrito en el modelo patriarcal pre-dado que otorga sentido al proyecto existencial 4. restituyendo a la adolescente en un modo auténtico de existencia por su inserción en el rol reproductivo-doméstico.

APÉNDICE
Embarazo adolescente: características de las familias de padres/madres adolescentes y acciones de protección, rechazo o empoderamiento

Marcelo Silvio Barrera
Marina Franco

El siguiente cap., ha sido escrito en el marco del Proyecto de Investigación CYTMA2 "Características de las prácticas de cuidado del sistema familiar de madres/padres adolescentes en La Matanza: protección, rechazo o empoderamiento" desarrollado en el Departamento de Ciencias de la Salud de la Universidad Nacional de La Matanza, en el período 2020-2021. El proyecto se propuso abordar como objetivo general las características de las familias de madres/padres adolescentes y su relación con actitudes y acciones de protección, rechazo o empoderamiento frente a estas/os ultimas/os.

6.1. Introducción

La abundante investigación y literatura científica sobre fecundidad y embarazo adolescente, tanto de impronta biomédica como social y política, cobra un gran impulso en la década de 1970 sobre todo en los países desarrollados y, muy especialmente, en los Estados Unidos. En la región de América Latina y el Caribe, ese fenómeno se replicó una década más tarde, a mediados de los años ochenta. Como lo señala Pantelides (2004), las razones que impulsaron tal interés sobre el tema y la consecuente emergencia de una suerte de agenda de investigación transnacional fueron esencialmente: en primer lugar, el hecho de que las tasas de fecundidad de las menores de 20 años se consideraban altas y ello era visto como un problema a un mismo tiempo social e individual; en segundo lugar, el señalamiento acerca del riesgo para la vida y la salud que, una maternidad temprana, podría generar tanto en la madre como en el hijo; en tercer lugar, la preocupación por la fecundidad adolescente también se fundamentaba en el conjunto de desventajas sociales asociadas a la condición de madre soltera, para esta y su hijo. En cuarto, y, último lugar, se sostenía que devenir en madre en la adolescencia conducía a un menor nivel de educación y de estatus socioeconómico en general (Hayes, 1987, citado en Pantelides, 2004).

El conjunto de preocupaciones señaladas se ha visto reflejado tanto en la investigación científica como en la literatura institucional producida por diversos Organismos Internacionales (Organización de las Naciones Unidas, Organización Mundial de la Salud, entre otros). En efecto, las producciones más relevantes poseen como rasgo de continuidad el hecho de haber destacado que el embarazo adolescente posee fundamentalmente efectos negativos en la trayectoria vital de las adolescentes (Barrera et al, 2021). En tal sentido, no sólo obstaculiza su desarrollo psicosocial, sino que se asocia frecuentemente con resultados deficientes en lo que respecta a su salud y la de sus hijos/as, como así también, es frecuente que repercuta negativamente en sus trayectorias afectivas, educativas y laborales, contribuyendo de este modo a reproducir los ciclos intergeneracionales de pobreza y mala salud. (Programa de las Naciones Unidas para el Desarrollo [PNUD], 2017).

En ese marco, el artículo tiene la pretensión de abordar las complejas relaciones entre las familias y la paternidad o maternidad adolescente y, más específicamente, analizar las características de las familias de madres/padres adolescentes que viven en el Partido de la Matanza y sus posibles vinculaciones con acciones que se inscriban en lógicas de protección, rechazo o empoderamiento frente a estas/os ultimas/os.

6.1.1. El embarazo adolescente en cifras

Antes de avanzar con el análisis, es relevante destacar que los embarazos adolescentes representan un porcentaje relevante de todos los embarazos, lo cual genera una enorme demanda de servicios en todos los ámbitos, incluido el de asistencia médica. En efecto, según cifras provenientes del Fondo para la Población de las Naciones Unidas, el embarazo en la adolescencia representa poco más de 10% de todos los nacimientos en el mundo (UNFPA, 1997). En tal sentido, dable es señalar que es un fenómeno que, aun con ciertas particularidades a nivel regional, puede ser considerado de carácter global: en Estados Unidos se presentan anualmente más de medio millón de embarazos en adolescentes; para 1996, en Canadá se embarazaron alrededor de 40 mil adolescentes; en Europa las cifras mayores corresponden a Alemania y Gran Bretaña (Cueva Arana et al., 2005). En el caso de África "se presenta la tasa más alta de embarazos de adolescentes en el mundo -143 por cada 1.000 niñas de 15 a 19 años-, especialmente en el África subsahariana" (Proto Gutiérrez et al., 2016, p.6).

Mientras que en lo que respecta a América Latina y el Caribe, la situación es más acuciante que en los países centrales, aunque menos compleja que lo que sucede en África, ya que en promedio un 15% de todos los embarazos anuales corresponden a adolescentes menores de 20 años, la mayoría de los países con las tasas estimadas más elevadas de fecundidad en adolescentes están en Centroamérica, encabezados por Guatemala, Nicaragua y Panamá (OPS, 2018).

En el caso de nuestro país la situación se estima que se encuentra por encima de la media mundial. Si tomamos el año 2017, la cantidad de nacidos vivos registrados fue de 704.609 niñas y niños. De este total, 94.079 fueron hijos/as de mujeres adolescentes; lo que representa en promedio, 258 nacimientos por día. Se trata del 13,6% del total de los nacimientos de dicho año: 2.493 (0,4%) correspondieron a adolescentes menores de 15 años y 91.586 (13,2%) a adolescentes con edades entre 15 y 19 años (MDSN/UNICEF, 2019), en el caso específico de la provincia de Buenos Aires, en ese mismo año, los porcentajes fueron de 0,2% y 11,5% respectivamente (INDEC, 2019).

En lo que respecta al Partido de la Matanza, si bien las

estadísticas con las que contamos son deficitarias e imprecisas, en un artículo reciente se destaca que en lo que refiere al Partido señalado, para el período 2011-2017, "la TFA [Tasa de Fecundidad Adolescente] total, pasó de 26,74 nacimientos por cada 1.000 mujeres entre 10 y 19 años a 17,36 nacimientos por cada 1.000 mujeres entre 15 y 19 años" (Ríos et al, 2019, p.6). Estos datos permiten sostener que, pese a que se encontraría en un proceso descendente, el embarazo adolescente es un problema de Salud Pública para el Partido de la Matanza.

6.1.2. La estrategia teórico-metodológica

Debido al carácter exploratorio de la investigación que dio origen a este cap., y, a nuestra pretensión de analizar procesos de interpretación y significación, el trabajo se inscribe dentro del paradigma interpretativo. En ese marco, utilizamos un diseño metodológico longitudinal y retrospectivo a partir de un abordaje cualitativo dado que, la aproximación de tipo "naturalista e interpretativa" a su tema de estudio (Denzin y Lincoln, 1994; Infesta Domínguez, 2006) que lo caracteriza sin dudas lo convertía en la perspectiva más idónea para la realización de nuestro trabajo.

Conforme a las características del estudio, y, por lo tanto, considerando la naturaleza cualitativa de la aproximación metodológica de la investigación, el procedimiento de muestreo elegido fue intencional y no al azar ya que en el estudio no perseguía lograr representatividad estadística de la población general de la cual provienen los y las entrevistados/as, sino comprender el universo de significaciones de los mismos.

La población de estudio estuvo compuesta por varones y mujeres que habitaran en el Partido de La Matanza y que fueran los padres/madres de hijos que hubieran sido padres/madres adolescentes, independientemente del hecho de haber sido o no ellos y ellas mismas padres/madres durante la adolescencia, mientras que la unidad de análisis ha sido cada uno/a de ellos/as. Se eligió efectuar el estudio en dicho Partido dado que el análisis de la problemática del embarazo adolescente contextualizada forma parte central, desde hace ya más de cuatro años, de la agenda de trabajo científico del Área de Investigación Universitaria en Enfermería (AIUE) de la Licenciatura en Enfermería del Departamento de Ciencias de la Salud de la Universidad Nacional de La Matanza (Barrera et al., 2021).

Para lograr dar cuenta de las diferenciaciones en el interior del universo y explorar los posibles vínculos existentes entre los distintos actores con sus representaciones y prácticas, la muestra intencional se realizó siguiendo y respetando el criterio de relevancia y saturación teórica (Glaser y Strauss, 1967). La selección de los casos se efectuó conforme a los siguientes criterios: en primer lugar, de acuerdo al género de los participantes; en segundo lugar, se consideró como criterio de selección el hecho de que las unidades de análisis vivieran en el Partido de la Matanza.

De tal forma, la muestra quedó conformada por 16 individuos, de los cuales 12 son mujeres y 4 son hombres. El hecho de que la muestra de varones sea de un tamaño menor que la de las mujeres se debe esencialmente a que los hombres se mostraron más reticentes al momento de participar de una entrevista en la que se abordaran temáticas vinculadas a la familia y la salud sexual y reproductiva. En este sentido, a lo largo de la investigación se realizaron un total de 16 entrevistas en profundidad (número de entrevistas a partir del cual consideramos se produjo la saturación teórica), que se distribuyeron de la siguiente forma:

a) 2 padres adultos de hijos que hayan sido padres adolescentes.
b) 2 padres adultos de hijas que hayan sido madres adolescentes.
c) 6 madres adultas de hijos que hayan sido padres adolescentes.
d) 6 madres adultas de hijas que hayan sido madres adolescentes.

6.1.3. Breve descripción sociodemográfica de los casos que conforman la muestra

En relación con la condición etaria de los y las entrevistados/as cabe destacar que todos/as son mayores de edad. El grupo de los padres adultos de hijos que hayan sido padres adolescentes (en adelante, grupo a) quedó conformado por dos varones de 53 años y 57 años. En lo relativo a las edades, no se registran notables diferencias con los padres adultos de hijas que hayan sido madres adolescentes (en adelante, grupo b), el cual se compone de un hombre de 53 años, y otro de 56 años. En lo que respecta a las madres adultas de hijos que han sido padres adolescentes (en adelante, grupo c), encontramos una mujer de 50 años, dos de 53 años, dos de 54 años y otra de 60 años. Por último, en lo relativo a las madres adultas de hijas que han sido madres adolescentes (en adelante, grupo d), el grupo se conforma de una mujer de 49 años, otra de 53 años, una de 55 años, otra de 60 años, y dos de 69 años.

Con respecto a su estado civil, al momento de ser entrevistada/o, en el grupo a, los dos hombres se encontraban casados. En el grupo b, uno de ellos se encontraba casado y el otro en situación de viudez. Se observan ciertas diferencias con la situación protagonizada por las integrantes del grupo c, en éste, son dos las mujeres que conviven con sus parejas en unión convivencial, mientras que cuatro se encuentran casadas. En lo que respecta al grupo d, en loque respecta al estado civil de sus integrantes la situación es similar a lo que ocurre con las integrantes del grupo de c, dado que cinco de ellas se encuentran casadas, mientras que otra integrante del grupo convive con su pareja bajo la figura de la unión convivencial.

Por último, en lo que respecta a los hijos/as que han tenido los padres o madres entrevistados/as cabe destacar que, en el grupo a uno de los padres ha tenido 5 hijos/as, mientras que el otro, ha sido padre de tres. En el grupo b, uno de ellos lo es de 4 hijos/as, mientras que el otro ha sido padre de dos. En lo que respecta a las integrantes del grupo c, dos mujeres han sido madres de 2 hijos/as, otras dos de 3 hijos/as, mientras que una lo ha sido de 5 hijos/as y otra de 6 hijos/as. Mientras que, en lo que respecta al denominado grupo d, tres de sus integrantes han sido madres de 3 hijos/as, una de 4 hijos/as y dos de 6 hijos/as.

6.1.3.1. *Técnica de recolección de datos*: la técnica de recolección que hemos empleado ha sido la entrevista en profundidad dado que la misma es "una de las más apropiadas para acceder al universo de significaciones de los actores" (Guber, 1991: 223). Igualmente, permite "... llegar al conocimiento objetivante de un problema, aunque sea subjetivo, a través de la construcción del discurso; se trata de una de las operaciones de elaboración de un saber socialmente comunicable y discutible" (Blanchet, 1989). En tal sentido, entendimos que esta técnica se adecuaba exactamente a los objetivos de nuestra investigación ya que su empleo presupone "... que el objeto temático de la investigación... será analizado a través de la experiencia que de él poseen un cierto número de individuos" (Blanchet, 1989). Asimismo, es pertinente destacar que el diseño de la misma se ha visto enriquecido a partir de las categorías emergentes a lo largo del trabajo de campo. Ahora bien, dado que los primeros tramos de la investigación se desarrollaron durante los momentos de mayor incertidumbre y temor generados por la pandemia de covid-19 y, más precisamente, en los meses en que se impusieron las restricciones estrictas que impulsó la figura del aislamiento social, preventivo y obligatorio, las primeras entrevistas en profundidad realizadas no fueron desarrolladas bajo el formato tradicional "cara a cara" sino que realizamos entrevistas telefónicas, en algunos casos y, en otros, entrevistas efectuadas "vía zoom". Esa fue, más allá de los beneficios y potencialidades y/o, las "perdidas" y obstáculos, que pudieran acarrear los formatos innovadores señalados, la estrategia pragmática que movilizamos frente a los "retos metodológicos" (Peláez González, 2020) que imponía la situación de gran excepcionalidad que se vivía. En tal sentido, consideramos que la estrategia fue "exitosa" en la medida en que posibilitó indagar en las representaciones y opiniones de los hombres y mujeres entrevistados/as en un contexto que imposibilitaba el encuentro no virtual.

6.1.4. La recolección, procesamiento y análisis de los datos

Dadas las condiciones contextuales que ya señalamos, decidimos iniciar el reclutamiento de los/as entrevistados/as utilizando dos vías principales. Por un lado, realizando una convocatoria en el canal virtual (denominado MIEL) que en tanto docentes universitarios de la carrera de enfermería de la Universidad Nacional de la Matanza (UNLaM) tenemos con los y las estudiantes y, por otro, a partir de las redes de contactos personales de los y las investigadores e investigadoras que conforman el proyecto de investigación. Fue un informante clave (una estudiante de la carrera de enfermería) quien oficiando de "portero" (Guber, 1991) nos facilitó el "acceso al campo" (Hammersley y Atkinson, 1994: 71) al contactarnos virtualmente con quien sería la primera mujer por nosotros entrevistada. Luego, dado que continuaban las restricciones sanitarias, las ocho entrevistas que siguieron fueron realizadas con dispositivos electrónicos. A partir del momento en que las restricciones señaladas se flexibilizaron, se realizaron entrevistas tradicionales, aunque también se efectuaron entrevistas "a distancia", según las preferencias manifestadas por el entrevistado o la entrevistada. Cabe señalar que a partir del análisis de los primeros datos recogidos y siguiendo el criterio de relevancia teórica (Glaser y Strauss, 1967), decidimos seleccionar nuevos casos que nos permitan diversificar la muestra (y entrevistar a hombres y mujeres que pertenezcan a los cuatro grupos señalados) procurando hacer emerger nuevas categorías de análisis con el objeto de ayudar a la comprensión teórica alcanzada en ese momento (lo que da cuenta que la selección de los casos fue simultánea al proceso de análisis y codificación).

Con respecto al procesamiento de los datos se debe destacar que el instrumento de recolección de datos fue aprobado por el Comité de ética de del Departamento de Salud de la Universidad Nacional de La Matanza y que, tanto las entrevistas "cara a cara", como aquellas que fueron realizadas "a distancia" fueron grabadas, previo consentimiento de los entrevistados y las entrevistadas. Éstas se desarrollaron en todos los casos en un único encuentro, que se extendió aproximadamente, aunque con variaciones, a lo largo de una hora. Conforme lo señala la perspectiva de análisis cualitativa (Taylor y Bodgan, 1992), las entrevistas fueron transcriptas de forma literal luego de su realización por los propios investigadores. Asimismo, en el transcurso de las mismas se realizaron notas de campo con el objetivo de registrar información no pasible de ser registrada por medio de la grabación, tales como los gestos efectuados por el entrevistado y/o los cambios en la tonalidad de la voz, ante las diversas temáticas abordadas en la entrevista, etc.

Ya con los textos de las entrevistas desgrabadas y transcriptas literalmente, se procedió a su análisis con el programa Atlas.ti. En tal sentido, las entrevistas fueron codificadas a partir de los principales ejes y dimensiones abordados por el estudio con el objetivo de acceder al universo de significados de los actores entrevistados.

6.1.5. El embarazo adolescente

Entre un breve estado de la cuestión y nuestro abordaje conceptual: desde hace décadas la investigación sobre el embarazo adolescente se ha dividido en la literatura de carácter biomédico concentrada sobre todo en las complicaciones médicas que se producen antes y durante el embarazo, y, los análisis provenientes desde las ciencias sociales que se centran en las causas psicológicas, sociales, económicas, políticas y culturales que influyen en el embarazo adolescente y las consecuencias que el mismo posee en la vida de las adolescentes. En ese marco, la literatura "social" ha señalado una serie de fenómenos y protagonizado ciertos debates alrededor de la problemática del embarazo adolescente. En tal sentido, algunos autores coinciden en destacar que el embarazo en la adolescencia tiene una serie de consecuencias no deseadas como la frustración de sueños, planes y estudios venideros, por lo que la joven embarazada pasa a depender completamente de su familia (Mirabal-Martínez et al, 2002) o de la familia del cónyuge (Cueva Arana et al, 2005). En ese marco, estos estudios consideran que puede decirse que un hijo a edades tempranas expondrá a la madre y al padre adolescente a una serie de obstáculos que redundarán en un menor nivel de educación y de status socioeconómico, y, que, por tanto, la maternidad temprana deviene un mecanismo de producción de la pobreza (Buvinic y otros, 1992). En este caso, se destaca el carácter predictor del embarazo adolescente. Por el contrario, como señala Pantelides, también es frondosa la literatura que sostiene la existencia de una lógica inversa, es la propia pobreza la que genera situaciones que llevan al embarazo en la adolescencia (Pantelides, 2004).

En lo que refiere a los factores sociales que influyen en el embarazo y la fecundidad adolescente, se han abordado aspectos que se inscriben en distintos niveles de análisis, desde el nivel macrosocial (en el que se engloban la estructura socioeconómica y/o las pautas culturales, como también, elementos vinculados al contexto social, como los grupos próximos de sociabilidad y la existencia y acceso a servicios de prevención y atención en salud, entre otros), hasta el nivel microsocial de la conducta, pasando por el nivel intermedio de los conocimientos, actitudes y percepciones individuales.

En lo que refiere al papel que juega la familia, los estudios se han centrado fundamentalmente en el rol que juega la madre en el evento. En tal sentido, han destacado que una de las consecuencias asociadas con la maternidad adolescente es que las hijas de madres adolescentes tienen una alta probabilidad de ser madres adolescentes también (González et al, 2007). La explicación de tal situación puede deberse a diversos procesos tales como actitudes, valores y preferencias, formas de socialización madre-hija, ambiente familiar y características socioeconómicas (Gutiérrez-Gómez et al, 2014; López et al, 2012). Ahora bien, más allá del rol y la influencia materna, cabe destacar que son escasos los trabajos que ponen en relación las dinámicas familiares y sus rupturas y continuidades vinculadas con la emergencia del embarazo adolescente en el seno de las mismas. En tal sentido, el objetivo de este trabajo no es el de analizar el rol de la familia como un factor que explica el embarazo adolescente, sino es el de abordar específicamente las características de los cuidados practicados por distintos sistemas/perfiles familiares de madres/padres adolescentes, según actitudes de protección, rechazo o empoderamiento. Para ello partimos de la hipótesis que sostiene que hay un nexo entre las características familiares y el desenvolvimiento de actitudes y acciones de protección inclusiva, rechazo o empoderamiento frente a los padres o madres adolescentes y sus hijos/as. Cabe destacar que los perfiles familiares se definieron según dimensiones personales y familiares. Entendiendo por ellas:

- *Características personales*: Edad, escolaridad, estado civil, ocupación y cantidad de hijos/as.

- *Características familiares*: Historia y estructura familiar, relación con los hijos e hijas, proyectos existenciales para sus hijos/as, acciones/actitudes y emociones ante el embarazo y sentimiento de responsabilidad para el cuidado infantil.

Mientras que por actitudes y acciones de protección, rechazo y empoderamiento concebimos, a partir de Bowen (1998), que:

a) Una acción de protección es aquella que parte de la aceptación del embarazo y que tiende a desarrollar actitudes inclusivas de cuidado.
b) Una acción de rechazo es aquella que parte de la no aceptación del embarazo y que tiende a desarrollar actitudes de descuido y exclusión.
c) Una acción que empodera a sus hijos/as es aquella que tiende a generar las condiciones de posibilidad para que estos puedan desarrollar sus proyectos vitales.

6.2. Resultados

En lo que sigue y, con el fin de presentar los resultados que arroja el trabajo de campo, desarrollaremos una tipología compuesta por tres tipos. En tal sentido, la tipología de perfiles familiares que desarrollamos a continuación intenta dar cuenta de la relación entre características familiares y actitudes y acciones de protección, rechazo o empoderamiento frente a los padres o madres adolescentes y sus hijos/as. Dicha tipología fue construida luego de establecer diferencias y similitudes entre las/los distintas/os entrevistadas/os.

Un primer tipo de perfil familiar, que denominamos "modernos" (la referencia a Pantelides (2004) es explicita e intencional), se caracteriza por el hecho de que ambos integrantes de la pareja de padres de padres adolescentes finalizaron sus estudios secundarios, incluso, en ciertos casos excepcionales, poseen estudios terciarios o universitarios incompletos. Cuando las/os entrevistamos, continuaban unidas/os o casadas/os con el padre/madre de sus hijos. En lo que refiere a sus trayectorias laborales, si bien en ambos casos suelen ser discontinuas y fragmentadas e, incluso, en determinados tramos desarrolladas en el sector informal y, en otros, en el formal, cabe destacar que ambos se constituyeron en distintas etapas de la familia como proveedores económicos del hogar (lo cual se traduce en una matriz de división sexual del trabajo al interior del hogar que tiende a la equidad). Asimismo, es dable señalar que al momento de ser entrevistados/as en ciertos casos ya se encontraban jubilados/as. Mayormente hicieron planificación familiar, ya sea desde el inicio de la vida marital, o luego del segundo o tercer hijo. En tal sentido, en este tipo, las parejas no han tenido más de tres hijos y/o hijas. Cuando les preguntamos acerca del proyecto vital que soñaban tanto para sus hijos como para sus hijas las respuestas refirieron a la importancia de realizar estudios universitarios y desarrollar una carrera profesional. Tal como lo sostiene Roxana con mucha efusividad:

> Siendo una profesional, te puede ir mal como todos los órdenes de la vida pero, ya siendo alguien, es más fácil. Yo siempre les inculqué a mis hijos que estudien, que estudien, que hagan lo que sea para estudiar, que nunca dejen de estudiar, es lo único que se pueden llevar y que nadie les va a robar. La plata la podés perder, te puede ir mal en el negocio, podes quedarte en la ruina, lo que sea, un trabajo lo podés perder. Pero el conocimiento que adquirís y, más si es en lo que a vos

te gusta, si es lo que amas, eso no se lo quita nadie. Eso siempre se lo dije a ella, a ella sola no, a todos, a ellos tres (Roxana, 60 años, San Justo, abuela de Ámbar).

De allí que no sea extraño que, en este perfil, la noticia del embarazo suele ser recibida con sentimientos "angustiantes". La primera interpretación de la nueva situación es que la misma pone en jaque los proyectos vitales previamente diseñados. Nuevamente retomamos las palabras de Roxana:

> Lo que yo sentí cuando (…) Ceci me dijo que estaba embarazada, mi primera reacción fue de enojo, temor y tristeza, pero no por el embarazo y la criatura en sí, sino porque como a mí me había pasado, y yo había dejado todo, yo tenía muchas expectativas para mí. Quería ir a la facultad, estaba entre medicina y arquitectura, mis sueños es como que se habían bloqueado, que ya los tenía que guardar en una cajita y olvidarme. Entonces yo no quería eso para mi hija, para ella (Roxana, 60 años, San Justo, abuela de Ámbar).

En el mismo sentido, German destaca que:

> Cuando me dijo que estaba embarazada [se refiere a la hija], lo primero que pensé fue que todo se complicaba y que nunca iba a poder arrancar con la facultad. La verdad es que me preocupé mucho, incluso pensé en sugerirle que no lo tenga, pero a medida que fue creciendo su panza me puse más positivo y me olvidé del tema (German, 57 años, San Justo, abuelo de Nicolas).

Importante es señalar que no se registró esa preocupación en los y las integrantes de este perfil que iban a ser abuelos o abuelas de sus hijos varones dado que no inferían que el hecho de ser padres pudiera ser un obstáculo en la trayectoria educativa de sus hijos.

Ahora bien, la primera reacción de frustración o enojo no es la definitiva en relación con el desarrollo del embarazo, observamos que a medida que éste último avanza, las emociones, actitudes y acciones en tanto que dinámicas, cambian. Así:

> A mí me duró un día el enojo y la tristeza, después obviamente a medida que le iba creciendo la panza ya tu mundo cambia. Es así. El enojo, la bronca del momento ya pasó, además yo siempre le decía a ella que haga lo que quiera hacer, lo que fuese, que lo haga, que un hijo no sea un impedimento, eso sí siempre se lo decía, eso sí (Roxana, 60 años, San Justo, abuela de Ámbar).

Esta nueva perspectiva frente al embarazo se traduce, en los casos que agrupamos en este perfil, una vez que se produce el nacimiento y, en los años siguientes, en un conjunto de actitudes y acciones de protección inclusiva y/o empoderamiento para con sus hijos/as que tienen en muchos casos la voluntad de conciliar el desarrollo de la maternidad/paternidad de sus hijas/os con su desarrollo profesional. A continuación, Cristina ilustra una forma de actitud de protección (la económica), presente en este perfil: "Yo ayudo a mi hija con dinero cuando lo necesita, es una forma de cuidarla" (Cristina, 69 años, Ramos Mejía, abuela de Sebastián).

Retomamos los dichos de Roxana, ella sostiene:

> Si la nena necesitaba que la atiendan, cambiarla, cocinarle, estar con ella, cuidarla, bueno, estaba yo. Le decía a mi hija, vos anda a estudiar [a la Universidad], anda a estudiar. Y si ella [se refiere a la hija] me decía 'pero voy a venir muy tarde', yo le respondía, no importa, vos hace lo tuyo, la nena desatendida no va a estar, la nena va a estar conmigo (Roxana, 60 años, San Justo, abuela de Ámbar).

"Atender" a la nena, cuidarla de un modo afectuoso, es una acción de protección afectiva para con el niño/a hijo/a de madre o padre adolescente que se repite frecuentemente en los y las integrantes del perfil. Lo hemos visto tanto en las abuelas como en los abuelos.

En el segundo tipo de perfil familiar, que denominamos "tradicional" (aquí también la referencia a Pantelides (2004) es explicita e intencional), en la mayor parte de los casos los integrantes de la pareja finalizaron los estudios primarios, aunque no iniciaron los estudios secundarios. Típicamente trabajan en el sector informal, en actividades tales como la venta ambulante, entre otras, aunque también hay entrevistadas que son amas de casa. En ningún caso se han jubilado/a. Importante es destacar que es más frecuente la existencia de antecedentes en la familia de madres adolescentes. Asimismo, es más habitual que estas parejas hayan tenido más de tres hijos. Al momento de preguntarles acerca del proyecto vital que imaginaban tanto para sus hijos como para sus hijas las respuestas se orientaron a la esfera reproductiva, si bien no ocultaron sus deseos de un futuro profesional para sus hijos/as, tendieron a destacar la centralidad de tener hijos y formar una familia "unida".

En este perfil, a diferencia del anterior, la noticia del embarazo suele ser recibida con enorme entusiasmo. Como nos manifestó Lucrecia:

Cuando nos enteramos, mi marido la abrazó, le dijo que íbamos a estar con ella y ella sintió un apoyo muy grande (…) nos alegró mucho saber que ella estaba embaraza, y vivimos un embarazo que parecía que todos estábamos embarazados (se ríe) (Lucrecia, 49 años, Rafael Castillo, abuela de Mariana).

O, como lo recuerda Andrea:

Cuando ella [se refiere a la hija] quedo embarazada ¿vos cómo te sentiste?
Recontenta, estaba en la cocina y ella (se refiere a su hija) me preguntó: Si yo estuviera embarazada, ¿qué dirías vos?
Le dije: ¿Estas embarazada? Y dijo sí. Yo me puse muy contenta y me hice cargo de todo (Yanina, Rafael Castillo, 65 años, abuela de Mariela)

La alegría y la aceptación familiar inmediata del embarazo se manifiesta en la emergencia del sentimiento de responsabilidad ante la nueva situación y consecuentemente, en el ejercicio de acciones de protección y cuidado a lo largo del proceso de gestación, como también, luego del nacimiento del nieto o la nieta. En el caso de

Yanina, ello supuso aumentar su carga de trabajo para poder "ayudar" económicamente a su hija, para poder "cuidarla" en el transcurso del embarazo y "preparar" la casa para su futura nieta. Cabe subrayar que Yanina prefería que su hija no trabaje durante el embarazo. En el caso de Lucrecia, luego del parto, su hija continuó viviendo con ellos (hecho frecuente en este perfil), lo cual permitió que la familia, al tiempo que participara de una forma colectiva-familiar de crianza, desplegara múltiples formas de cuidado para con la reciente madre y su hija. Como lo sostiene Lucrecia:

> Sí, ella no tiene dos años. Imagínate que mi hija está estudiando y sólo la mira a mi nieta, nosotros somos los que andamos atrás de ella. Pero es muy muy muy lindo, que todos estamos al cuidado de ella (…). Mi nieta es la reina de la casa. Ella se levanta y estamos atrás de ella, es una nena muy amada (Lucrecia, 49 años, Rafael Castillo, abuela de Mariana).

Ahora bien, las prácticas de cuidado y protección pueden constituirse simultáneamente en prácticas de empoderamiento del rol de madre. Así:

> En el horario de la comida yo cocino y ella se para y le da de comer, si hay que cambiar un pañal y le digo y ella se levanta va y le cambia, y así. Pero ella toma las decisiones hasta de si va a comer una golosina, yo pregunto todo porque es su mamá, esa parte es intocable, es de ellas dos (Lucrecia, 49 años, Rafael Castillo, abuela de Mariana).

En el relato de Jorge, padre de Cintia -quien vive junto a sus padres y su hijo-, se observa que, frente a sus preocupaciones en torno al futuro de su hija, entiende que "construirle una casa" es un modo de generar las condiciones para que ella "afronte todas las cosas de la vida". De tal modo que acciones de cuidado y de empoderamiento se articulan. Al decir de Jorge,

> Estoy tratando de construirle una casa para ella, para que ella pueda desenvolverse sola y vea todas las cosas, como la veíamos nosotros. O sea, el hecho de criar a los hijos, no digo que no se empape en eso,

porque está empapada, pero ayudarla a que se defienda sola. Yo pienso que al estar cómoda con nosotros no ve cómo es realmente la vida, está respaldada. No vamos a dejar de respaldarla, pero sí armarle un lugarcito como para que ella afronte todas las cosas de la vida (Jorge, 53 años, González Catán, abuelo de Brian).

La comparación entre ambos perfiles de familias y sus acciones permite afirmar que, el perfil que tiende a sostener proyectos vitales para sus hijos/as que priorizan la formación universitaria y la profesionalización (modernos), tienden a vivenciar los primeros sentimientos que genera la novedad del embarazo de un modo negativo (como "angustiantes"), mientras que, el perfil que privilegia la conformación de una familia propia (tradicionales) experimentan ese primer momento de un modo "festivo", como un instante "muy feliz". En ese marco, en lo que refiere al primer grupo, es frecuente el surgimiento de reacciones de preocupación y rechazo que, sin embargo, van cambiando a lo largo de la gestación, y sobre todo cuando el/la bebé nace, a partir de que se van desarrollando sentimientos de apego frene al mismo. Cabe señalar que esos cambios imposibilitan que tales sentimientos primigenios incidan negativamente en la movilización de acciones de protección y empoderamiento frente a sus hijos/as padres o madres adolescentes. Por el contrario, lo que se observó es que a medida que aceptan la nueva situación, padres y madres de madres o padres adolescentes protagonizan acciones de protección y/o empoderamiento de carácter económicas y afectivas frente a sus hijos o hijas. En lo que respecta al segundo perfil, a diferencia del primero, no hemos observado reacciones de rechazo; por el contrario, como hemos señalado, desde el momento de la "noticia" emergieron sentimientos vinculados al bienestar emocional. Por último, importante es destacar que en este caso también se observa por parte de los padres y madres de padres o madres adolescentes la movilización de una serie de acciones de protección y/o empoderamiento que tienen en el centro el cuidado y que son articuladas a partir de la puesta en acto de una serie recursos afectivos e instrumentales.

6.3. Conclusiones

A lo largo del cap., planteamos cuál era nuestro objetivo, dimos cuenta muy someramente de la cuestión del embarazo adolescente en cifras y desarrollamos nuestra estrategia teórico-metodológica, que supuso desplegar el tipo de muestra realizada, la forma de recolección de los datos, el instrumento utilizado para tal fin y el modo en que tales datos fueron procesados para luego ser interpretados, entre otros aspectos. Luego, a partir de plantear nuestro esquema conceptual, dimos cuenta de una tipología de perfiles familiares y su vinculación con un conjunto de acciones que nos permitió abordar el objetivo de la investigación desarrollada en el marco del proyecto CYTMA2c. En tal sentido, se observa que más allá de que las familias posean una impronta más tradicional o moderna de acuerdo al proyecto vital que hayan imaginado frente a sus hijos/ hijas que son padres o madres adolescentes y, de que, al momento de tomar conocimiento del embarazo de uno de ellos/as puedan emerger sentimientos divergentes (angustiantes vs. festivos), que incluso, en ciertos casos muy infrecuentes puedan expresarse emociones de rechazo, las actitudes y acciones que emergieron del trabajo de campo fueron las de protección y empoderamiento. En tal sentido, no han emergido acciones de rechazo (como podrían ser la puesta en acto de violencia física o simbólica, hacia los/as adolescentes y/o inducción en los hechos al aborto), y sí múltiples acciones de protección y empoderamiento que se manifestaban a partir de la movilización de recursos económicos, afectivos y temporales que, en definitiva, coagulaban en prácticas de cuidado.

Bibliografía

Capítulos I, II, III

Arenhart, O. (1998). Existência e culpabilidade. *Revista VERITAS*, 43(1), 5-23.

Aristóteles. (s.f.). *Sobre la interpretación*. Biblioteca Electrónica Escuela de Filosofía Universidad ARCIS. Disponible en línea: www.philosophia.cl (Traducción de Miguel Candel San Martín).

Belgrano, M. (2021). World and Paradigm in Heidegger and Kuhn. *Franciscanum*, 63(175), 1-16.

Belmonte García, O. (2006). Franz Rosenzweig: Una introducción a su pensamiento. *Revista Portuguesa de Filosofia*, 62(2-4), 609-629.

Bernstein, R. (1961). John Dewey's Metaphysics of Experience. *Journal of Philosophy(58)*, 5-14.

———. (1966). *John Dewey*. Nueva York: Washington Square Press.

———. (1971). *Praxis and Action*. Philadelphia: University of Pennsylvania Press.

———. (1976). *The Reconstructingof Socialand PoliticalTheory*. Pennsylvania: University of Pennsylvania Press.

———. (1983). *Beyond Objectivism and Relativism: Science, Hermenentics, and Praxis*. Philadelphia: University of Pennsylvania Press.

———. (1986). *Philosophical Profiles*. Philadelphia: Polity Press.

———. (1991). *The New Constellation*. Cambridge: Polity Press.

———. (2006). *The Pragmatic Century*. En S. F. Greeve Davaney, *The Pragmatic Century* (pp. 1-14). Albany: State University of New York Press.

———. (2010). *The Pragmatic Turn*. Cambridge: Polity Press.

———. (2013). *El giro pragmático*. México: Anthropos Editorial.

———. (2016). *Pragmatic Encounters*. Nueva York: Routledge.

———. (2017). Engage Fallibilistic Pluralism. En M. M. Craig, *Richard J. Bernstein and the Expansion of American Philosophy* (pp. 215-228). Lanham: Lexington Books.

———. (2018). *Más allá del objetivismo y del relativismo: ciencia, hermenéutica y praxis*. Prometeo: Buenos Aires.

Borges, J. L. (1957). *El Áleph*. Buenos Aires: Emecé.

Brentano, F. (1874) *Ueber die Gründe der Entmuthigung auf philosophischem Gebiete. Ein Vortrag gehalten beim Antritte der philosophischen Professur an der k.k. Hochschule zu Wien.* Viena: Ed. Braumüller.

Casper, B. (1996). Ereignis (acaecimiento) en el pensamiento de M. Heidegger y en la comprensión de F. Rosenzweig. *Escritos de Filosofía*, 15(29-30), 3-21.

_____. (2006). Franz Rosenzweig: Desafio parta um novo futuro. *Revista Portuguesa de Filosofia*, 62(2-4), 609-629.

Celan, P. (2005). *Paul Celan Selections*. California: University of California Press.

Copati, H. (2007, mayo). Vida y cultura, Una reflexión inspirada en el pensamiento de Michel Henry, aplicada a la Argentina que se encamina hacia el Bicentenario. En *IV Encuentro Nacional de Docentes Universitarios Católicos - ENDUC IV. Universidad y Nación. Camino al bicentenario. Realizando la verdad en el amor (Ef. 4,15)*, Santa Fe, Argentina.

Corti, E. (2004). Ontología, teología y lenguaje. La vía proposicional como acceso a lo sobreeminente. Dos ejemplos de reflexión trinitaria sobre la base de modelos proposicionales divergentes: Nicolás de Cusa y Anselmo de Canterbury. *STROMATA*, 60(1/2), 37-47.

Craig, M.; Morgan, M., (2017) *Richard J. Bernstein and the Expansion of American Philosophy.* Londres: Lexington Books

De la Riega, A. (1978). *Razón y Encarnación*. Buenos Aires: Ediciones Universidad del Salvador.

_____. (1979). *Conocimiento, violencia y culpa*. Buenos Aires: PAIDOS.

_____. *Apuntes de cátedra*. Buenos Aires.

Descartes, R. (1997). *Meditaciones metafísicas*. Madrid.

Diccionario Enciclopédico Hispano-Americano, dir. Montaner y Simón (1889-1910). XXVII vol., Barcelona.

Fernández, D. (2007). De otro modo que ser-para-la-muerte. *A Parte Rei*, 57, 1-10.

Gadamer, H.-G., (1989) *Truth and Method* (trad. J. Weinsheimer y D.G. Marshall). Nueva York: Crossroad

Garrido-Maturano, Á. (2000). *La estrella de la esperanza*. Buenos Aires: Centro de Estudios Filosóficos Eugenio Pucciarelli.

Hanson, N. (1977). *Patrones de descubrimiento*. Madrid: Alianza. (Obra original publicada en 1958)

Heidegger, M. (1959). *Der Weg zur Sprache*. Pfullingen: Vittorio Klostermann.

_____. (1962). *Being and Time* (J. Macquarrie & E. Robinson, Trans.). London: Blackwell Publishing.

_____. (1963). *Ser y el Tiempo* (J. Gaos, Trans.). Buenos Aires-México: FCE.

_____. (1987). *De camino al habla* (Y. Zimmermann, Trad.). Barcelona: Serbal.

_____. (1997). *Être et temps* (E. Martineau, Trad.). Edición electrónica. Disponible en línea: www.rialland.org.

_____. (1997). *Ser y Tiempo* (J. E. Rivera, Trad.). Santiago de Chile. https://apiperiodico.jalisco.gob.mx/api/sites/periodicooficial.jalisco.gob.mx/files/ser_y_tiempo-martin_heidegger.pdf

_____. (2000). *Tiempo y Ser* (M. Garrido, Trad.). Madrid: Editorial Tecnos.

_____. (1955). *Introducción a la Metafísica* (Trad. de Emilio Estiú). Buenos Aires: NOVA.

Henry, M. (1965). *Philosophie et phénoménologie du corps*. Paris: Presses Universitaires de France.

_____. (2001). *Yo soy la verdad*. Madrid: Sígueme.

_____. (2006). *La barbarie*. Madrid: Caparrós.

Hocevar, D. (2005). On the way to language. *Revista de Filosofía*, 15-16, 73-93.

Husserl, E. (1962). *Ideas relativas a una fenomenología pura y una filosofía fenomenológica I*. México-Buenos Aires: FCE.

_____. (2009). *La crisis de las ciencias europeas y la fenomenología trascendental*. Buenos Aires.

Kamacho, R. (2004). Hospitalidad, muerte e indiferencia. *Revista de Filosofía Logos*, 32(95), 27-45.

Kuhn, T. (1970). *The Structure of Scientific Revolutions*. Chicago: University of Chicago Press.

———. (1970). Reflections on my Critics. En: I. Lakatos & A. Musgrave (Eds.), *Criticism and the Growth of Knowledge: Proceedings of the International Colloquium in the Philosophy of Science*, Londres, 1965 (pp. 231–278). Cambridge: Cambridge University Press.

———. (2004). *La estructura de las revoluciones científicas*. México: FCE.

———. (2013). *La estructura de las revoluciones científicas*. México: FCE.

Lazo Briones., L. G. (2013). *Estudio introductorio*. En R. Bernstein, *El giro pragmático* (pp.IV-XXXII). Barcelona: Anthropos Editorial.

Marion, J.-L. (2002). *Being Given: Toward a Phenomenology of Givenness* (J. L. Kosky, Trans.). Stanford: Stanford University Press.

———. (1997). *Étant donné. Essai d'une phénoménologie de la donation*. Paris: Presses Universitaires de France.

———. (2008). *Siendo dado. Ensayo para una fenomenología de la donación* (Trad. de Étant donné, 1997). Madrid: Editorial Síntesis.

Millet, J. (1998). Comprensión del sentido y normas de racionalidad. Una defensa de Peter Winch. *Crítica: Revista Hispanoamericana de Filosofía*, *30*(89), 45-93. Retrieved June 7, 2021, from http://www.jstor.org/stable/40104470

Popper, K. (2002). *Conjectures and refutations*. Gran Bretaña: Routledge.

Peirce, C.S., (1958) *Collected Papers*, vols. 1-5, ed. C. Hartshorne and P. Weiss., Cambridge: Harvard University Press,

———. (1958) *Collected Papers*, vols. 7-8, ed. A.W. Burks, Cambridge: Harvard University.

———. (1998) *The Essential Peirce: Selected Philosophical Writings, vol. 1: 1867- 1893*, ed. N. Houser y C. Kloesel, Bloomington : Indiana University Press

———. (1998) *The Essential Peirce: Selected Philosophical Writings, vol. 2: 1893- 1913*, Bloomington: Indiana University Press

Proto Gutierrez, F. (2013). *El pensamiento de Agustín de la Riega: refutación de la filosofía fenomenológica, en diálogo*. Buenos Aires: Editorial Abierta FAIA.

Rahner, K. (2002). *Escritos de Teología*, Tomo IV. Madrid.

Rosenzweig, F. (2005). *El nuevo pensamiento*. Buenos Aires: Adriana Hidalgo Editora.

_____. (1997). *La Estrella de la Redención* (Trad. de Der Stern der Erlösung, 1921). Salamanca: Ediciones Sígueme.

Walton, R. (2008). Reducción fenomenológica y figuras de la excedencia. *Tópicos (Sta. Fe)*, 16, 169-187.

Scannone, J. C. (1990). *Nuevo punto de partida de la filosofía latinoamericana*. Buenos Aires: Editorial Guadalupe.

_____. (2005). Los fenómenos saturados según Jean-Luc Marion y la fenomenología de la religión. *Stromata*, 61(1/2), 1-15.

Shook, J., R. (2015) *The Dictionary of Modern American Philosophers, Volumes 1, 2, 3 and 4*. Bristol: Thoemmes

Schutz, A (1952) Concept and Theory Formation in the Social Sciences. *The Journal of Philosophy*, *51*(9), 257-273. Recuperado de: http://www.jstor.org/stable/2021812%20.

Vigo, A. (2001). Heidegger y el origen del enunciado predicativo. *Diálogos*, 78, 107-145.

Walton, R. (2006). Subjetividad y donación en Jean-Luc Marion. *Tópicos*, 14, 81-96.

_____. (2008). Reducción fenomenológica y figuras de la excedencia. *Tópicos*, 16, 169-187.

Welte, B. (1966). El conocimiento filosófico de Dios y la posibilidad del ateísmo. *Concilium*, 16, 173-189.

_____. (1968). Ateísmo y Religión. *Teología*, 6(1), 81-94.

_____. (1976). *Sulla traccia dell'eterno*. Milano: Jaca Books.

Wiehl, R. (2006). Tempo e Experência. *Revista Portuguesa de Filosofia*, 62(2-4), 553-565.

Winch, P. (1958). *The Idea of a Social Science and Its Relation to Philosophy*. Londres: Routledge & Kegan Paul.

Capítulo IV

Henry, M. (2001). Encarnación. Salamanca: Sígueme.

Kusch, R. (1978). Esbozo de una antropología filosófica americana. San Antonio de Padua, Buenos Aires: Castañeda.

_____. (1999). América Profunda. Buenos Aires: Biblos.

Lévinas, E. (1999). De la evasión. Madrid: Arena.

Rolland, J. (1999). Salir del ser por una nueva vía. Madrid: Arena.

Capítulo V

Almeida, I. S., & Souza, I. E. (2011). Gestação na adolescência com enfoque no casal: movimento existencial. *Escola Anna Nery, 15*(3), 457-464. https://dx.doi.org/10.1590/S1414-81452011000300003.

Álvarez Nieto, C. (2012). Motivaciones para el embarazo adolescente. *Gac Sanit, 26*(6), 497-503.

Bacigalupe de la Hera, A., & Roncero, U. M. (2003). *Desigualdades sociales en la Salud de la Población de la Comunidad Autónoma del País Vasco*. Vitoria: Ararteko.

Bernet, R., Kern, I., & Marbach, E. (1999). *An introduction to Husserlian Phenomenology*. Evaston, Illinois: Northwestern University Press.

Bourdieu, P. (1994). *Raisons pratiques. Sur la théorie de l'action*. Paris: Éditions du Seuil.

CEPAL. (2004). *Notas de población*. Año XXXI, N° 78. Santiago de Chile.

Dubet, F. (2015). *¿Para qué sirve realmente un sociólogo?*. Buenos Aires: Siglo XXI editores.

García-Baró, M. (s.f.). *Fondo de Cultura Económica*. México; Madrid; Buenos Aires.

Glaser, B., & Strauss, A. (1967). *The Discovery of grounded theory: strategies for qualitative research*. Ney York: Aldine Publishing Company.

Heidegger, M. (2003). *Ser y Tiempo*. Madrid: Editorial TROTTA.

Husserl, E. (1982). *La idea de la fenomenología. Cinco Lecciones*. (M. G. Morente y J. Gaos, Trads.). Madrid: Alianza Editorial.

_____. (1997). *Ideas relativas a una fenomenología pura y una filosofía fenomenológica. Libro primero*. (J. Gaos, Trad.). México: FCE.

_____. (2002). *Investigaciones Lógicas 2*. (M. G. Morente y J. Gaos, Trads.). Madrid: Alianza Editorial.

Infesta Dominguez, G., Llanos Pozzi, M., & Vicente, A. (2004). Estudios sobre la participación masculina en salud sexual y reproductiva. *IV Jornadas de Sociología de la UNLP*. Disponible en http://www.memoria.fahce.unlp.edu.ar/trab_eventos/ev.6629/ev.6629.pdf.

Jones, D. (2010). *Sexualidades Adolescentes: amor, placer y control en la Argentina contemporánea*. Buenos Aires: CLACSO-CICCUS.

Jorge, M. S. B., Fiúza, G. V., & Queiroz, M. V. O. (2006). Existential phenomenology as a possibility to understand pregnancy experiences in teenagers. *Revista Latino-Americana de Enfermagem, 14*(6), 907-914. https://dx.doi.org/10.1590/S0104-11692006000600012.

Mackey, S. (2005). Phenomenological nursing research: Methodological insights derived from Heidegger's interpretive phenomenology. *International Journal of Nursing Studies, 42*(2), 179-186.

Margulis, M. (2004). Adolescencia y Cultura en la Argentina. *Revista Perspectivas Metodológicas, 1*(4). Disponible en http://revistas.unla.edu.ar/epistemologia/article/view/574/609.

Ministerio de Salud de la Nación/UNICEF. (2016). *Situación de la Salud de los y las adolescentes en la Argentina*. Buenos Aires: Programa Nacional de Salud Integral de la Adolescencia.

OMS-OPS-UNICEF-FUNAP. (s.f.). *Normas-Servicios de salud para los/as adolescentes*.

Pantélides, E. A. (2004). Aspectos sociales del embarazo y la fecundidad adolescente en América Latina. *Notas de Población, 31*(78), 7-34.

_____. (2014). Aspectos sociales del embarazo y la fecundidad adolescente en América Latina. En CELADE y Centre de Recherche Populations et Sociétes, Université de Paris X-Nanterre (Eds.), *La Fecundidad en América Latina: ¿transición o revolución?* (pp. 167-187). Santiago de Chile: CEPAL y UPX.

Pantélides, E. A., & Binstock, G. (2007). La fecundidad adolescente en la Argentina al comienzo del Siglo XXI. *Revista Argentina de Sociología, 5*(9).

Pantélides, E. A., & Geldstein, R. (1999). Encantadas, convencidas o forzadas: iniciación sexual en adolescentes de bajos recursos. En AEPA, CEDES, CENEP (Eds.), *Avances en investigación social en salud reproductiva y sexualidad* (pp. 45-53). Buenos Aires: AEPA, CEDES, CENEP.

Reyes Narváez, S., & Tello Pompa, C. (2013). Vivencias de la gestante adolescente en la perspectiva fenomenológica de Heidegger. *In Cres, 4*(1), 113-120.

Proto Gutierrez, F., José, M., & López, M. (2016). Biopolítica raciológica del control poblacional. Fecundidad y embarazo adolescente en Argentina. *Revista FAIA, 5*(25-26). Disponible en https://dialnet.unirioja.es/servlet/articulo?codigo=5618993.

Apéndice

Ardèvol, E., Bertrán, M., Callén, M., & Pérez, C. (2003). Etnografía virtualizada: la observación participante y la entrevista semiestructurada en línea. *Athenea Digital, 3*. Disponible en https://ddd.uab.cat/pub/athdig/15788946n3/15788946n3a5.pdf

Bacigalupe de la Hera, A., & Roncero, U. M. (2003). *Desigualdades sociales en la Salud de la Población de la Comunidad Autónoma del País Vasco*. Vitoria: Ararteko.

Barrera, M., & Proto Gutiérrez, F. (2020). Embarazo y fecundidad adolescente en el Partido de la Matanza. Resultados de Investigaciones. En las *XIV Jornadas Nacionales de debate Interdisciplinario de Salud y Población*, realizadas en el Instituto de Investigaciones Gino Germani, Buenos Aires.

Barrera, M., Albertolli, M., Bathory, I., Franco, M., González, D., Mambrín, S., Ramos Sotelo, N., Vargas, S., Bravo Bellani, E., & Valencia Rodríguez, M. (2021). Embarazo adolescente: Algunos recorridos de investigación en el Partido de la Matanza, *Serie: Síntesis clave. Boletín Informativo 156*. Universidad Nacional de la Matanza, Departamento de Ciencias de la Salud, Centro de Investigaciones sociales (CIS). Disponible en https://cis.unlam.edu.ar/upload/sintesis/28_Sintesis_156.pdf

Bernet, R., Kern, I., & Marbach, E. (1999). *An introduction to Husserlian Phenomenology*. Evaston, Illinois: Northwestern University Press.

Blanchet, A. (1989). *Técnicas de investigación en ciencias sociales*. Madrid: Narcea.

Bourdieu, P. (1994). *Raisons pratiques. Sur la théorie de l'action*. Paris: Éditions du Seuil.

Bowen, M. (1998). *De la familia al individuo. La diferencia del sí mismo en el sistema familiar*. Madrid: Paidós Ibérica.

Buvinic, M. y otros. (1992). *The fortunes of adolescent mothers and their children: a case study of the transmission of poverty in Santiago, Chile*. Washington, D.C.: Consejo de Población/ Centro Internacional de Investigaciones sobre la Mujer.

CEPAL. (2004). *Notas de población*. Año XXXI, N° 78. Santiago de Chile.

Denzin, N., & Lincoln, Y. (1994). Introduction: Entering the Field of Qualitative Research. En N. Denzin & Y. Lincoln (Eds.), *Handbook of Qualitative Research* (pp. 1-17). Thousand Oaks, CA: Sage Publications Inc. (Traducción: Betina Freidin).

Dubet, F. (2015). *¿Para qué sirve realmente un sociólogo?*. Buenos Aires: Siglo XXI editores.

Glaser, B., & Strauss, A. (1967). *The Discovery of grounded theory: strategies for qualitative research*. New York: Aldine Publishing Company.

Guber, R. (1991). *El salvaje metropolitano. Reconstrucción del conocimiento social en el trabajo de campo*. Buenos Aires: Editorial Legasa.

Heidegger, M. (2003). *Ser y Tiempo*. Madrid: Editorial TROTTA.

Hammersley, M., & Atkinson, P. (1994). *Etnografía. Métodos de investigación*. Barcelona: Paidós.

Hayes, C. (Ed.). (1987). *Risking the future. Adolescent sexuality, pregnancy and childbearing*. Washington, D.C.: National Academy Press.

Husserl, E. (1982). *La idea de la fenomenología. Cinco Lecciones*. (M. G. Morente & J. Gaos, Trads.). Madrid: Alianza Editorial.

_____. (1997). *Ideas relativas a una fenomenología pura y una filosofía fenomenológica. Libro primero*. (J. Gaos, Trad.). México: FCE.

_____. (2002). *Investigaciones Lógicas 2*. (M. G. Morente & J. Gaos, Trads.). Madrid: Alianza Editorial.

Infesta Domínguez, G. (1998). *Roles de género y conducta reproductiva en varones adolescentes: la influencia del modelo paterno de masculinidad*. Buenos Aires: mimeo.

_____. (2006). La construcción de datos en la investigación cualitativa: ¿diversos enfoques u obstáculos epistemológicos? En *III Congreso Nacional sobre Problemáticas Sociales Contemporáneas*, Santa Fe de la Veracruz, Argentina, 4 y 6 de octubre.

Instituto Nacional de Estadísticas y Censos (INDEC). (2019). Cuadro. Nacidos vivos por edad y nivel de instrucción de las madres, según provincia de residencia. Buenos Aires, Argentina.

López, E., & Findling, L. (2012). *Maternidades, paternidades, trabajo y salud. ¿Transformaciones o retoques?* Buenos Aires: Biblos.

Mackey, S. (2005). Phenomenological nursing research: Methodological insights derived from Heidegger's interpretive phenomenology. *International Journal of Nursing Studies, 42*(2), 179-186.

Margulis, M. (2004). Adolescencia y Cultura en la Argentina. *Revista Perspectivas Metodológicas, 1*(4). Disponible en http://revistas.unla.edu.ar/epistemologia/article/view/574/609.

Meccia, E. (2021). YO TAMBIÉN GRABO CON MI CELU. Reflexiones metodológicas sobre las entrevistas en profundidad mediadas por dispositivos electrónicos en contextos de pandemia. *Debate Público. Reflexión de Trabajo Social, 11*(22), 41-46.

Ministerio de Desarrollo Social y de Salud/UNICEF. (2019). Estadísticas de los hechos vitales de la población adolescente en la Argentina. Disponible en http://www.deis.msal.gov.ar/wp-content/uploads/2019/07/Poblacion-adolescente-2.pdf

Ministerio de Salud de la Nación/UNICEF. (2016). *Situación de la Salud de los y las adolescentes en la Argentina*. Buenos Aires: Programa Nacional de Salud Integral de la Adolescencia.

Mirabal-Martínez, G., Martínez, M. M., & Pérez, D. (2002). Repercusión biológica, psíquica y social del embarazo en la adolescencia. *Revista Cubana de Enfermería, 18*(3), 175-183.

OMS-OPS-UNICEF-FUNAP. (s.f.). *Normas-Servicios de salud para los/as adolescentes*.

Organización Mundial de la Salud. (2017). Salud de la madre, el recién nacido, del niño y del adolescente. Disponible en https://www.who.int/publications/i

Observatorio Social Legislativo de la Provincia de Buenos Aires. (2008). La adolescencia en la provincia de Buenos Aires. Disponible en https://intranet.hcdiputados-ba.gov.ar/osl/index.php?id=ninez&id_boton=poblaydesa

Organización Panamericana de la Salud. (2018). Acelerar el progreso hacia la reducción del embarazo en la adolescencia en América Latina y el Caribe. Disponible en https://iris.paho.org/bitstream/handle/10665.2/34853/9789275319765_spa.pdf?sequence=1&isAllowed=yf

Pantélides, E. A. (2004). Aspectos sociales del embarazo y la fecundidad adolescente en América Latina. *Notas de Población, 31*(78), 7-34.

_____. (2014). Aspectos sociales del embarazo y la fecundidad adolescente en América Latina. En CELADE & Centre de Recherche Populations et Sociétes, Université de Paris X-Nanterre (Eds.), *La Fecundidad en América Latina: ¿transición o revolución?* (pp. 167-187). Santiago de Chile: CEPAL y UPX.

Pantélides, E. A., & Binstock, G. (2007). La fecundidad adolescente en la Argentina al comienzo del Siglo XXI. *Revista Argentina de Sociología, 5*(9).

Pantélides, E. A., & Geldstein, R. (1999). Encantadas, convencidas o forzadas: iniciación sexual en adolescentes de bajos recursos. En AEPA, CEDES, CENEP (Eds.), *Avances en investigación social en salud reproductiva y sexualidad* (pp. 45-53). Buenos Aires: AEPA, CEDES, CENEP.

Pantelides, E. A., & Infesta Domínguez, G. (1995). Imágenes de género y conducta reproductiva en la adolescencia. *Cuadernos del CENEP, 51*. Buenos Aires: Centro de Estudios de Población (CENEP).

Peláez González, C. (2020). Reflexiones metodológicas durante la pandemia. *Veredas, 5*. Universidad Autónoma Metropolitana. Disponible en https://veredas.xoc.uam.mx/index.php/2021/04/19/reflexiones-metodologicas-durante-la-pandemia-de-covid-19/

Programa de las Naciones Unidas para el Desarrollo (PNUD). (2017). El embarazo en adolescentes: un desafío multidimensional para generar oportunidades en el ciclo de vida. Disponible en https://www.latinamerica.undp.org/content/rblac/es/home/library/human_development/embarazo-adolescente--un-desafiomultidimensional-para-generar-o.html

Proto Gutiérrez, F., Marta, J., & Miriam, L. (2016). Biopolítica raciológica del control poblacional. Fecundidad y embarazo adolescente en Argentina. *Revista FAIA, 5*(25). Disponible en https://dialnet.unirioja.es/servlet/articulo?codigo=5618993

Ríos, E., Cormick, G., García, S., & Hernández, H. (2019). Indicadores de Salud en la Adolescencia para La Matanza y el Gran Buenos Aires, 2011-2017. *Serie: Síntesis clave. Boletín Informativo 147*. Universidad Nacional de la Matanza, Departamento de Ciencias de la Salud, Centro de Investigaciones Sociales (CIS). Disponible en https://cis.unlam.edu.ar/upload/sintesis/28_Sintesis_156.pdf

Taylor, S., & Bodgan, R. (1984). *Introducción a los métodos cualitativos de investigación*. Barcelona: Paidós.

Trier-Bieniek, A. (2012). Framing the telephone interview as a participant-centred tool for qualitative research: a methodological discussion. *Qualitative Research, 12*(6), 630-644. Disponible en https://doi.org/10.1177/1468794112439005

United Nations Population Fund (UNFPA). (1997). *UNFPA and adolescents*. Nueva York: UNFPA.

www.ingramcontent.com/pod-product-compliance
Lightning Source LLC
Chambersburg PA
CBHW071057240526
45471CB00016B/1989